Technischer Lehrgang
Automatikgetriebe

Automatikgetriebe haben ihren festen Platz in der Kraftfahrzeugtechnik. Sie übernehmen das Anfahren, die Auswahl der Übersetzung und die Gangschaltung. Moderne Automatikgetriebe weisen den in der Vergangenheit häufig angeführten Mangel des schlechten Wirkungsgrades nicht mehr auf. Der Wirkungsgrad eines elektronisch gesteuerten Getriebes ist heute dem des klassischen Handschaltgetriebes nahezu gleich. In diesem Lehrgang werden neben den allgemeinen technischen Grundlagen hauptsächlich die Arbeitsweisen einiger verbreiteter ZF-Getriebe beschrieben.

Inhalt

1	**Einleitung**	2
2	**Fahren mit einem Automatikgetriebe**	3
3	**Allgemeine Beschreibung der Arbeitsweise eines Automatikgetriebes**	4
4	**Drehmomentwandler**	5
4.1	Allgemeines	5
4.2	Arbeitsweise	5
4.3	Kennlinie des Drehmomentwandlers	6
4.4	Einfluß des Drehmomentwandlers auf das Zugkraftdiagramm	7
5	**Planetensätze**	8
5.1	Aufbau	8
5.2	Allgemeines zum Übersetzungsverhältnis	8
5.3	Mögliche Übersetzungen eines Einzelsatzes	9
5.4	Übersetzungsverhältnis beim Sterntyp	9
5.5	Übersetzungsverhältnis beim Planetentyp	10
5.6	Übersetzungsverhältnis beim Sonnentyp	11
5.7	Berechnung des Übersetzungsverhältnisses bei Drehung aller Glieder	11
6	**Beschreibung von Automatikgetrieben**	13
6.1	Beschreibung des ZF-Automatikgetriebes 3 HP 22	13
6.1.1	Aufbau	13
6.1.2	Die Gänge	14
6.1.3	Berechnung des Übersetzungsverhältnisses im ersten Gang	15
6.2	Beschreibung des ZF-Automatikgetriebes 4 HP 22 mit Überbrückungskupplung für leichte Nkw und Pkw	16
6.2.1	Aufbau	16
6.2.2	Die Gänge des ZF 4 HP 22	17
6.3	Beschreibung des Nkw-Automatikgetriebes ZF Ecomat Typ HP 500, 590 und 600	18
6.3.1	Aufbau	18
6.3.2	Berechnung des Übersetzungsverhältnisses im Rückwärtsgang	19
7	**Hydrauliksteuerung**	21
7.1	Allgemeines	21
7.2	Regelung von hydraulischen Drücken	23
7.3	Öldruckkreislauf	24
7.3.1	Kreislauf mit Primär- und Sekundärpumpe	24
7.3.2	Kreislauf mit Einzelpumpe	24
7.4	Wählkolben	26
7.5	Drosselklappen-Druckregeleinheit	26
7.6	Schaltkolben	27
7.7	Fliehkraftregler	28
7.8	Kupplungsdruckkolben	31
7.9	Verriegelungskolben	31
7.10	Hydraulik im 2. und 3. Gang	
8	**Elektronisch-hydraulische Steuerung**	34
9	**Retarder**	37
10	**Fragen und Aufgaben**	38

1 Einleitung

Kolonnenfahrten, Stoppen und Anfahren an Ampeln, schnelles Beschleunigen und Überholen – all das kennt jeder Autofahrer. Dabei müssen Kopf, Hände und Füße unter den unterschiedlichsten Fahrbedingungen verschiedene Aufgaben erfüllen, womöglich sogar zu viele. Automatikgetriebe können eine ganze Reihe dieser Aufgaben übernehmen, wodurch nicht zuletzt der Sicherheit gedient ist. Beim Fahren mit Automatik erfährt man, wieviel sicherer und konzentrierter das Fahren wird. Daher kann die zunehmende Bedeutung des Automatikgetriebes nicht verwundern, obwohl im Vergleich zu den USA die Anzahl der Automatik-Fahrzeuge bei uns noch gering ist.

Mochten daran anfänglich die relativ kleinen Motoren und die höheren Benzinpreise in Europa Schuld sein, so ist heute der Wirkungsgrad eines modernen elektronisch gesteuerten Getriebes dem des klassischen Handschaltgetriebes durchaus ebenbürtig.

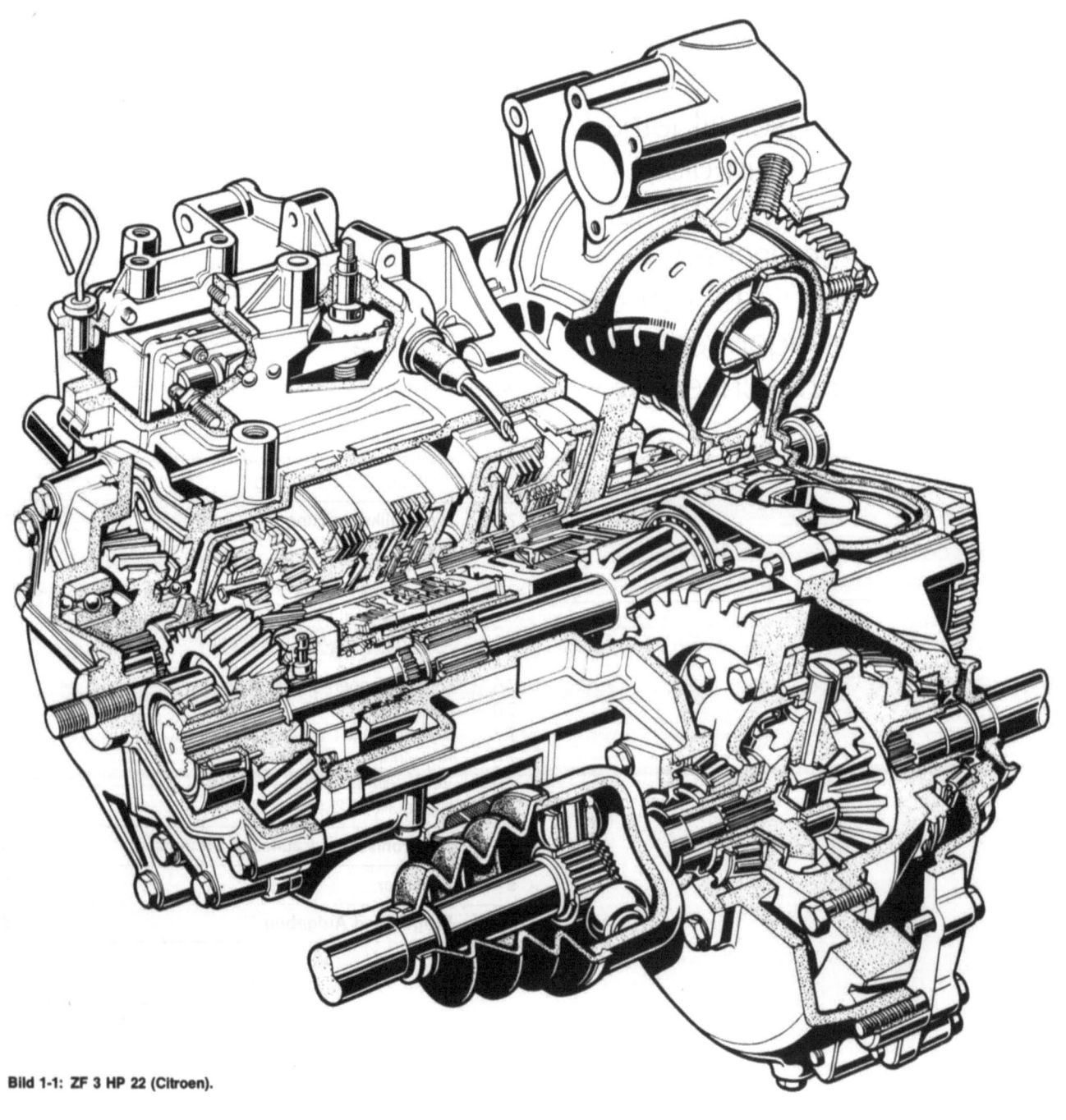

Bild 1-1: ZF 3 HP 22 (Citroen).

2 Fahren mit einem Automatikgetriebe

Bei einem Automatikgetriebe handelt es sich um ein mechanisches Getriebe, das im Zusammenspiel mit einem Drehmomentwandler innerhalb fester Übersetzungsverhältnisse die Leistungsübertragung vom Motor bis zu den Rädern ermöglicht.

Die Stellung des Gaspedal, die Fahrgeschwindigkeit sowie die Motordrehzahl werden während der Fahrt ständig koordiniert und vom Getriebe wird automatisch das richtige Übersetzungsverhältnis ausgewählt.

Damit entlastet die Automatik den Fahrer, der dennoch nicht die Kontrolle über das Getriebe verliert. Was damit gemeint ist, soll das folgende Beispiel verdeutlichen. Angenommen, man wartet bei Rot an der Ampel. Die Stellung „Drive" ist gewählt (Wählhebel in Stellung „D" – siehe Bild 2-1), und die Ampel schaltet auf Grün. Es wird Gas gegeben. Jetzt schaltet die Automatik, aber noch immer wird sie vom Fahrer beherrscht. Wir können die folgenden Fahrzustände unterscheiden:

Fahrzustand 1:
Wirtschaftliches Fahren
Es wird maßvoll und ohne zu starkes Gas angefahren. Der Motor arbeitet im mittleren Drehzahlbereich und die Automatik schaltet bei etwa 20 km/h von der 1. Stufe (1. Gang) in die 2. Stufe (2. Gang) und danach in die 3. Stufe (3. Gang).
Dieses sparsame Fahren schont Fahrzeug, Geld und Nerven.

Fahrzustand 2:
Schnelles Anfahren
Wird das Gaspedal stärker durchgetreten, fährt man schneller an. Die Automatik nutzt die höhere Leistung und schaltet später, so daß erst bei 40 km/h die 2. Stufe gewählt wird. Auch die 3. Stufe kommt entsprechend später. Auf diese Weise wird stärker beschleunigt.

Fahrzustand 3:
Mit Vollgas anfahren
Bei Vollgas steht die gesamte Leistungsreserve des Motors zur Verfügung. Das Fahrzeug kann maximal beschleunigen; die Automatik sorgt für das optimale Übersetzungsverhältnis.

Der Wählhebel für die Automatik im Fahrerraum läßt sich äußerlich mit dem Schalthebel eines herkömmlichen Getriebes vergleichen. Er hat sechs Stellungen, drei für das Vorwärtsfahren, eine für das Rückwärtsfahren, eine Leerstellung und eine Parkstellung (siehe Bild 2-1).

Der Motor läßt sich nur im Leerlauf N (Neutral) und in der Parkstellung P starten. Aus Sicherheitsgründen springt der Motor in den anderen Wählhebelstellungen nicht an.

Ein Abbremsen des Motors bis zum Stillstand des Fahrzeugs ist in allen Wählhebelstellungen möglich, ohne daß der Motor aussetzt.

Alle Vorwärtsgänge sind während der Fahrt ohne Kupplung schaltbar.

Die einzelnen Schaltstufen haben von vorn nach hinten (in Bild 2-1 von oben nach unten) folgende Bedeutung:

Stellung P (Parksperre):
Die Parkstellung wird eingelegt, nachdem das Fahrzeug zum Stillstand gekommen ist. Durch einen Verriegelungsmechanismus im Getriebe wird das Fahrzeug gegen Wegrollen blockiert.

Stellung R (Rückwärtsgang):
Der Rückwärtsgang läßt sich nur bei stehendem Fahrzeug einlegen. In verschiedenen Systemen verhindert eine mechanische Sperre ein Einlegen während der Fahrt.

Stellung N (Neutral – Leerlauf):
Dies ist die Leerlaufstellung des Wählhebels, bei der Motor und Räder voneinander getrennt sind. Sie dient zum Anlassen des Motors.

Stellung D (Drive – Fahren):
Hierbei handelt es sich um die häufigste Grundstellung für die Vorwärtsfahrt. Das Anfahren erfolgt automatisch im 1. Gang. Je nach Beschleunigung schaltet das Getriebe automatisch.

Stellung 2:
Diese Stellung wird vorwiegend für Fahrten auf Berg- bzw. kurvenreichen Strecken mit häufiger Beschleunigung gewählt. Dabei schaltet die Automatik nicht weiter als bis zum 2. Gang. Auch im ständig wechselnden Stadtverkehr kann diese Stellung nützlich sein.

Stellung 1:
Hierbei handelt es sich um die Stellung für Paßfahrten und steile Anstiege, Garagenausfahrten usw. Von der Automatik wird lediglich der erste Gang eingelegt, wodurch das Fahrzeug nur langsam fährt, egal ob viel oder wenig Gas gegeben wird.

Kickdown:
Beim Durchtreten des Gaspedals über seinen Vollgaspunkt hinaus wird in einen niedrigen Gang zurückgeschaltet. Dadurch steht die gesamte verbleibende Leistungsreserve des Motors zur Verfügung, und eine zusätzliche Beschleunigung wird möglich, z. B. beim Überholen auf der Autobahn.

Bild 2-1: Wählhebelmechanismus eines Automatikgetriebes.

3 Allgemeine Beschreibung der Arbeitsweise eines Automatikgetriebes

Die Darstellung des Automatgetriebes ZF 4 HP 22 mit elektronisch-hydraulischer Steuerung (Bild 3-1) zeigt die verschiedenen Bauteile.

Die drei Hauptbestandteile sind:

- hydrodynamischer Drehmomentwandler (1),
- drei Sätze von Planetengetrieben für vier Gänge (3),
- Getriebesteuerung (5).

Die Hauptteile des Drehmomentwandlers sind:
- Pumpenrad (A),
- Turbinenrad (B),
- Leitrad mit Freilauf (C),
- Überbrückungskupplung (D).

Das gesamte Aggregat ist geschlossen und mit Öl gefüllt. Das Öl, oder besser gesagt der Ölstrom des Drehmomentwandlers, bewirkt die Übertragung des Motormoments auf das 4-Ganggetriebe. Dabei ersetzt der Drehmomentwandler die Reibungskupplung, die wir von der klassischen Übertragung mit handgeschaltetem Getriebe her kennen.

Beim Anfahren muß das Antriebsmoment am größten sein. Das Leitrad lenkt den Ölstrom so um, daß es zu einer Steigerung des Motormoments kommt.

Mit zunehmender Fahrgeschwindigkeit und etwa gleicher Drehzahl von Pumpen- und Turbinenrad fällt die Drehmomentsteigerung weg. Das Leitrad dreht frei mit, und der Drehmomentwandler verhält sich wie eine Strömungskupplung. Zur Beseitigung des ständig auftretenden Schlupfes greift danach die Überbrückungskupplung ein und verbindet Pumpen- und Turbinenrad. Hinter dem in allen Gängen wirkenden Drehmomentwandler sind drei Sätze von Planetengetrieben (3) so angeordnet, daß sich vier Vorwärts- und ein Rückwärtsgang realisieren lassen. Als Schaltelemente dienen hydraulisch betätigte Lamellenkupplungen (4). Diese sind praktisch verschleißfrei und müssen nicht nachgestellt werden.

Durch die eingebauten Freiläufe erfolgt das Umschalten, ohne daß das Motormoment unterbrochen werden muß. Im Frontdeckel des Gehäuses befindet sich die Speisepumpe (2), die den Drehmomentwandler, die Steuerung und die Zahnradsätze mit Öl versorgt.

Die Steuerungseinheit mit u. a. dem Wählkolben, den Steuerkolben und den Druckregelventilen ist im unteren Teil des Getriebegehäuses untergebracht. Ihre Schaltpunkte richten sich nach der Stellung von Gaspedal, Wählhebel und der Geschwindigkeit des Fahrzeugs. Vom Fliehkraftregler (6), der auf der Abtriebswelle des Getriebes montiert ist, werden Impulse in Abhängigkeit von der Fahrzeuggeschwindigkeit abgegeben. Das gesamte System arbeitet elektronisch-hydraulisch und wird von einem Microcomputer überwacht.

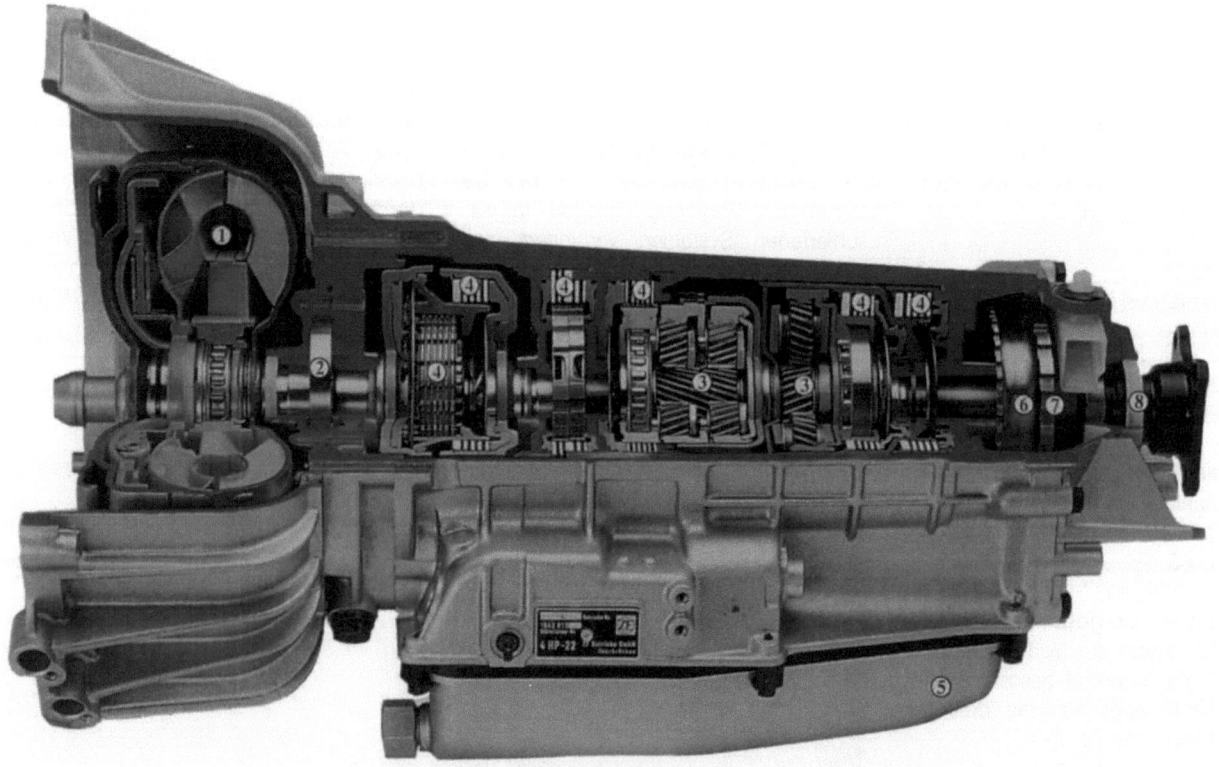

Bild 3-1: ZF-Automatik mit elektronisch-hydraulischer Steuerung.
1) Drehmomentwandler mit Überbrückungskupplung
2) Speisepumpe
3) Planetensätze
4) Lamellenkupplungen
5) Steuerungseinheit
6) Fliehkraftregler (Sensor)
7) Parksperre (Stellung P)
8) Antriebswelle
A) Pumpenrad
B) Turbinenrad
C) Leitrad
D) Überbrückungskupplung

4 Drehmomentwandler

4.1 Allgemeines

Der Drehmomentwandler (Bild 4-1) verbindet den Motor mit dem Getriebe. Er übernimmt die Funktion der konventionellen Reibungskupplung und steigert darüberhinaus das vom Motor abgegebene Drehmoment. Im Leerlauf des Motors ist das Motormoment gering. Es erhöht sich mit zunehmender Motordrehzahl bis zum Maximum. Die Drehmomentwandlung ist im Stillstand des Fahrzeugs am größten und nimmt ab, je kleiner der Unterschied zwischen der Drehzahl des Motors und der Abtriebswelle des Drehmomentwandlers wird. Wenn wir einen Drehmomentwandler mit einer Strömungskupplung* vergleichen, so fällt auf, daß der Drehmomentwandler außer den Pumpen- und Turbinenrädern ein zusätzliches Leitrad besitzt.

Zwischen Pumpen- und Turbinenrad befindet sich häufig noch eine Überbrückungskupplung (5), die oberhalb einer bestimmten Getriebedrehzahl in Aktion tritt, beide Schaufelräder miteinander verbindet und somit eine schlupffreie Übertragung herstellt.

Das Kupplungsgehäuse enthält das Turbinen-, Pumpen- und Leitrad (6, 7, 8) sowie die Überbrückungskupplung (5), und bildet eine öldichte Einheit. Darin zirkuliert ständig die Arbeitsflüssigkeit (Hydrauliköl), die von der Speisepumpe der Automatik geliefert wird (Zu- und Ablaufkanäle „a" und „b").

Bei Bedarf kann die Wärme, die durch steigende Öltemperatur beim Arbeiten des Drehmomentwandlers entsteht, über einen Ölkühler abgeführt werden.

4.2 Arbeitsweise

Im Drehmomentwandler dient der Ölstrom zur Übertragung der Energie vom Motor auf das Getriebe durch Ausnutzung der Massenkräfte. Die Schaufeln der Räder sorgen für einen geschlossenen Kreislauf, in dem das Öl vom Pumpenrad zum Turbinen- und Leitrad strömt und danach wieder zum Pumpenrad zurückkehrt. Hierbei übertragen die Schaufeln des Pumpenrads die Motorenergie auf das Öl, das sich infolge der Fliehkraft nach außen bewegt und durch das Turbinenrad gepumpt wird. Im Turbinenrad stößt das strömende Öl auf die Turbinenschaufeln, wodurch sich die Bewegungsrichtung ändert und die Strömungsenergie in mechanische Energie umgewandelt wird. Damit beginnt sich das Turbinenrad zu drehen. Von den Schaufeln des Leitrads wird nun das aus dem Turbinenrad aus-

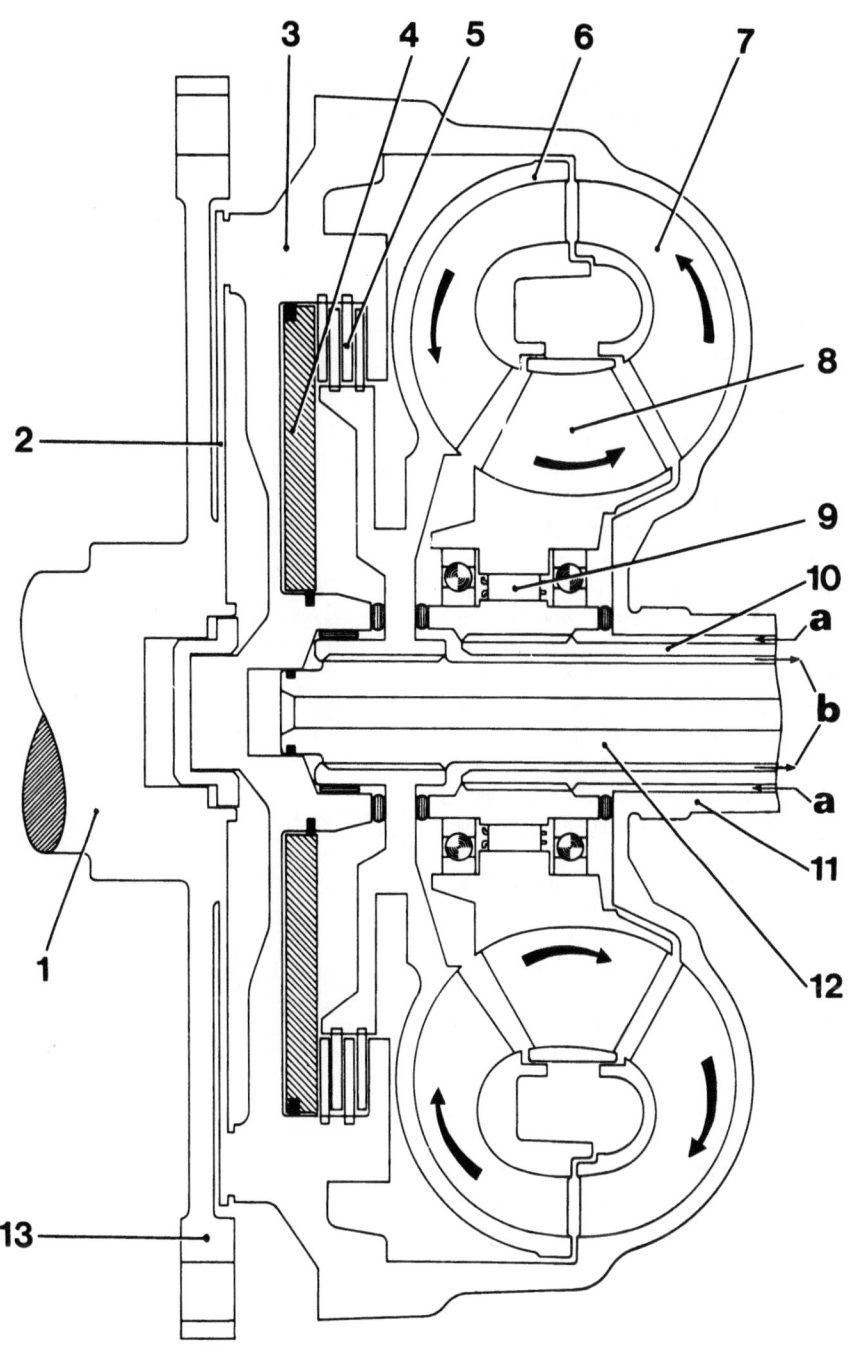

Bild 4-1.
a) Ölzulauf
b) Ölablauf
1) Kurbelwelle
2) Mitnehmer
3) Deckel des Drehmomentwandlers
4) Kolben
5) Lamellen
6) Turbinenrad
7) Pumpenrad
8) Leitrad
9) Freilauf
10) Leitradwelle
11) Pumpenradflansch
12) Antriebswelle
13) Schwungrad

---

* In den letzten Jahren wurde die Strömungskupplung zunehmend vom Drehstromwandler ersetzt. Eine Strömungskupplung enthält kein Leitrad, so daß bei einer Drehzahldifferenz zwischen Pumpen- und Turbinenrad das Drehmoment nicht erhöht werden kann.

tretende Öl wiederum so umgelenkt, daß es mit der Drehrichtung des Pumpenrads übereinstimmt. Die für diese Änderung der Bewegungsrichtung notwendige Kraft wird über das Leitrad und eine Freilaufkupplung auf das Getriebegehäuse übertragen. Dadurch wird eine entgegengesetzte Drehung des Leitrads verhindert (Bild 4-2).

Die zusätzliche Bewegungsänderung im Leitrad ermöglicht, daß der Ölstrom umgelenkt wird, wodurch sich eine Steigerung des zugeführten Motormoments ergibt. Die Umkehrung des Flüssigkeitsstroms im Leitrad sowie die Drehmomentwandlung ist am größten, wenn sich das Fahrzeug noch nicht bewegt. Sie verringert sich mit zunehmender Fahrgeschwindigkeit, wodurch sich die Strömungsrichtung des in das Leitrad einströmenden Öls entsprechend ändert. Im Kupplungspunkt des Drehmomentwandlers ist die Strömungsrichtung der in das Leitrad eintretenden Flüssigkeit gleich der austretenden Strömungsrichtung. Damit ist das Pumpenmoment gleich dem Turbinenmoment.

Von diesem Zeitpunkt an tritt der Freilaufmechanismus in Aktion, wodurch das Leitrad in derselben Richtung wie Pumpen- und Turbinenrad mitdreht. Kurz vor Erreichen dieses Betriebszustands verbindet die Überbrückungskupplung* die Antriebswelle mit der Abtriebswelle. Dann drehen Pumpen-, Turbinen- und Leitrad mit derselben Geschwindigkeit. Durch diese Überbrückungskupplung wird der sogenannte Schlupf, also die für Drehmomentwandler bzw. Strömungskupplungen charakteristische Drehzahldifferenz zwischen Antriebs- und Abtriebswelle, aufgehoben. Das Motormoment kann dann direkt auf die Abtriebswelle übertragen werden, womit unnötige Verluste vermieden werden.

Die vielfach als Lamellenkupplung ausgeführte Überbrückungskupplung wird in Abhängigkeit von der Motordrehzahl und der Leistung geschlossen, d.h. daß bei Teillast die Kupplung den Wandler schon bei geringen Fahrgeschwindigkeiten überbrückt. Dies erfolgt durch den Öldruck, der über einen Kolben die Lamellen zusammendrückt.

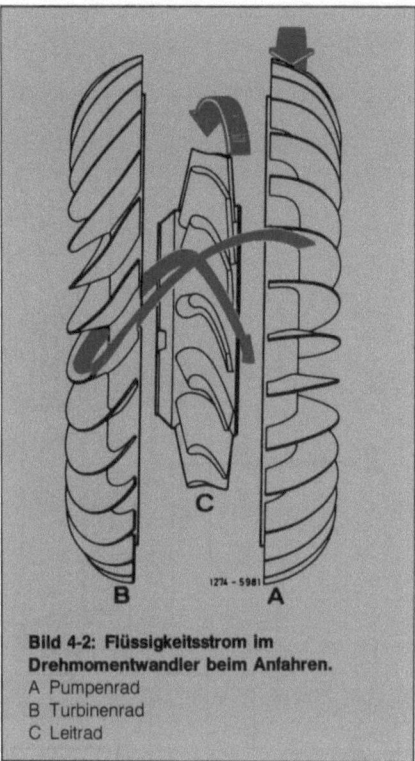

Bild 4-2: Flüssigkeitsstrom im Drehmomentwandler beim Anfahren.
A Pumpenrad
B Turbinenrad
C Leitrad

4.3 Kennlinie des Drehmomentwandlers

Die Eigenschaften eines Drehmomentwandlers lassen sich graphisch darstellen (Bild 4-3). In dieser Graphik sind drei Variablen enthalten: der Wirkungsgrad, die Motordrehzahl und die Wandlungszahl, jeweils als Funktion des Drehzahlverhältnisses v ($v = n_{Turbine}/n_{Pumpe} = n_T/n_P$).

Wir können dies mit dem Schlupf des Drehmomentwandlers vergleichen, und zwar so, daß 100% Schlupf $v=0$ und 0% Schlupf $v=1$ entsprechen.

Für die meisten Drehmomentwandler gilt, daß die Wandlungszahl μ beim Anfahren etwa 2 beträgt und mit steigender Drehzahl des Turbinenrads abnimmt. Wenn der Ölstrom auf die Rückseite des Leitrads trifft und sich das Leitrad mitdreht, hat der Wandlungsfaktor den Wert 1 erreicht. In modernen Drehmomentwandlern liegt dieser Arbeitspunkt bei einem Drehzahlverhältniswert zwischen 0,86 und 0,91 und wird als Kupplungspunkt bezeichnet. Oberhalb dieses Kupplungspunkts arbeitet der Drehmomentwandler als Strömungskupplung und erreicht einen Wirkungsgrad von höchstens 98% (ohne Überbrückungskupplung).

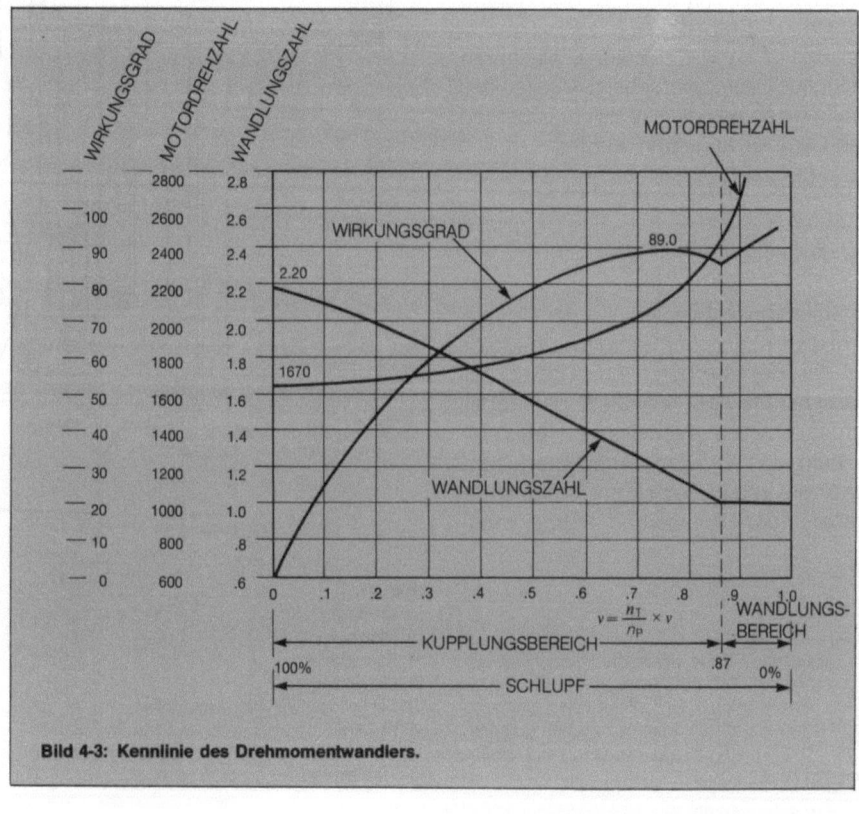

Bild 4-3: Kennlinie des Drehmomentwandlers.

---
* Diese Überbrückungskupplung trifft man bei weitem nicht in allen Ausführungen an.

Der Zusammenhang zwischen den verschiedenen Variablen in der Graphik kommt in der folgenden Formel für den Wirkungsgrad zum Ausdruck.

Es gilt:

$$\eta = \frac{\text{abgegebene Leistung}}{\text{zugeführte Leistung}} \times 100\%$$

(allgemeine Formel für den Wirkungsgrad).

Auf den Drehmomentwandler angewendet, ergibt sich:

$$\eta = \frac{P_{\text{Turbine}}}{P_{\text{Pumpe}}}$$

$$= \frac{T_T \times n_T \times 2\pi}{T_P \times n_P \times 2\pi}$$

$$= \frac{T_T}{T_P} \times \frac{n_T}{n_P}$$

$$= \frac{T_T}{T_P} \times v$$

Darin sind: T_{Tn} = Turbinenmoment
T_P = Pumpenmoment
n_T = Turbinendrehzahl
n_P = Pumpendrehzahl

Dann gilt für die Wandlungszahl

$$\mu = \frac{T_T}{T_P}$$

womit insgesamt gilt:

$$\eta = \mu \times v$$

Berechnungsbeispiel (Bild 4-3)
Bei $v = 0{,}5$ läßt sich der Wirkungsgrad wie folgt bestimmen:

Wirkungsgrad $\eta = \mu \times n_T/n_P$
$= 1{,}55 \times 0{,}5$
$= 0{,}775$ oder $77{,}5\%$
(vgl. Graphik).

Bei einer Ausführung mit herkömmlicher Reibungskupplung wäre der Wirkungsgrad:

$1 \times 0{,}5 = 0{,}5$ oder 50%.

Der Grund dafür ist, daß die Reibungskupplung keine Möglichkeit zur Momentsteigerung hat.

4.4 Einfluß des Drehmomentwandlers auf das Zugkraftdiagramm

Das Zugkraftdiagramm in Bild 4-4, in dem die maximale Zugkraft der getriebenen Räder im Verhältnis zur Fahrgeschwindigkeit dargestellt ist, vermittelt einen Eindruck vom Einfluß des Drehmomentwandlers auf die maximal verfügbare Zugkraft. Außerdem ist in der Graphik die erforderliche Zugkraft (Luftwiderstand plus Rollwiderstand) dargestellt, wobei der Schnittpunkt dieser beiden Kurven die maximale Fahrgeschwindigkeit angibt. Der Einfluß des Drehmomentwandlers ist am größten während des Anfahrens, weil die Übersetzung des Getriebes mit der Wandlungszahl des Drehmomentwandlers multipliziert werden muß. Da dieser Faktor schnell abnimmt, sehen wir in der Graphik, wie sein Einfluß bei etwa 40 km/h aufgehoben ist. Dennoch steht beim Anfahren eine wesentlich größere Zugkraft als bei einem klassischen Getriebe mit Reibungskupplung zur Verfügung. Auch beim Schalten unter Vollastbedingungen kann der Schlupf zwischen Pumpe und Turbine eine Drehmomentsteigerung bewirken, so daß der Übergang zwischen den Gängen mit der entsprechenden Zugkraftänderung allmählich erfolgt, was der Elastizität zugute kommt.

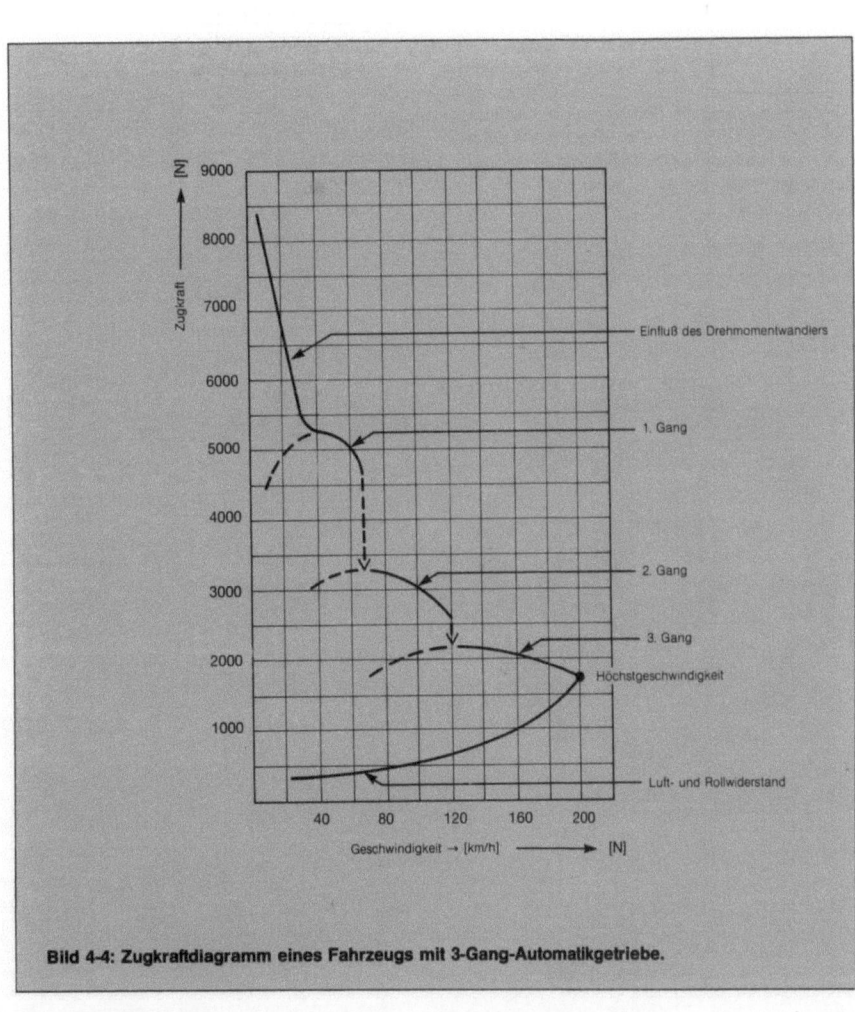

Bild 4-4: Zugkraftdiagramm eines Fahrzeugs mit 3-Gang-Automatikgetriebe.

5 Planetensätze

5.1 Aufbau

Wir haben bereits festgestellt, daß das Turbinenrad des Drehmomentwandlers mit dem (automatischen) Getriebe verbunden ist. Dieser Getriebetyp ist aus mehreren Sätzen von Planetengetrieben aufgebaut, die in bestimmten Kombinationen für drei oder vier feste Übersetzungsverhältnisse sorgen. Aufbau und Funktion lassen sich nicht mit einem konventionellen Getriebe vergleichen.

Ein einzelner Planetensatz (Bild 5-1) besteht aus einem Sonnenrad, einem Hohlrad und mehreren (meist drei) Planetenrädern, die auf dem sogenannten Steg oder Planetenradträger befestigt sind. Die Planetenräder können um die Planetenradbolzen frei rotieren. Alle Zahnräder sind ständig im Eingriff und stehen in einem bestimmten Verhältnis zueinander. Wenn wir die Durchmesser der verschiedenen Zahnräder betrachten, der Einfachheit halber in einem Satz mit zwei Planetenrädern, dann muß der Durchmesser des Hohlrads gleich dem Durchmesser des Sonnenrads, vermehrt um den doppelten Durchmesser eines Planetenrads sein.

Da der Modul von ineinandergreifenden Zahnrädern gleich sein muß, können wir auch davon ausgehen, daß die **Zähnezahl** des Hohlrads gleich der Zähnezahl des Sonnenrads, vermehrt um die zweifache Zähnezahl des Planetenrads sein muß.*

Beispiel:
Wenn das Hohlrad 110 und das Sonnenrad 50 Zähne hat, dann haben die Planetenräder jeweils (110-50) : 2 = 30 Zähne (Bild 5-2).

5.2 Allgemeines zum Übersetzungsverhältnis

Das Übersetzungsverhältnis wird durch die Größe i wie folgt definiert:

$$i = \frac{\text{Drehzahl der Antriebswelle}}{\text{Drehzahl der Abtriebswelle}}$$

oder

$$i = \frac{\text{Winkelgeschwindigkeit der Antriebswelle}}{\text{Winkelgeschwindigkeit der Abtriebswelle}}$$

Damit handelt es sich bei $i > 1$ um eine Übersetzung und bei $i < 1$ um eine Untersetzung.

Bei der Berechnung des Übersetzungsverhältnisses sind weitere Größen wichtig:

Drehzahl n in U/s
Winkelgeschwindigkeit Omega in rad/s
Umfangsgeschwindigkeit v in m/s

Der Zusammenhang zwischen der Drehzahl (n) und der Winkelgeschwindigkeit (ω) ist:

$$\omega = 2\pi n \text{ (rad/s)},$$

weil der Umfang einen Kreis mit $2\pi r$ darstellt.
Der Zusammenhang zwischen Umfangsgeschwindigkeit und Drehzahl kommt in folgender Formel zum Ausdruck:

$$v = 2\pi r \times n \text{ (m/s)},$$

in der r der Radius des Teilkreises (Kreis, auf dem die Zahnräder ineinander greifen) des Zahnrads ist.

Aus den beiden ersten Gleichungen läßt sich eine dritte ableiten:

$$\omega = v/r \text{ (rad/s)}.$$

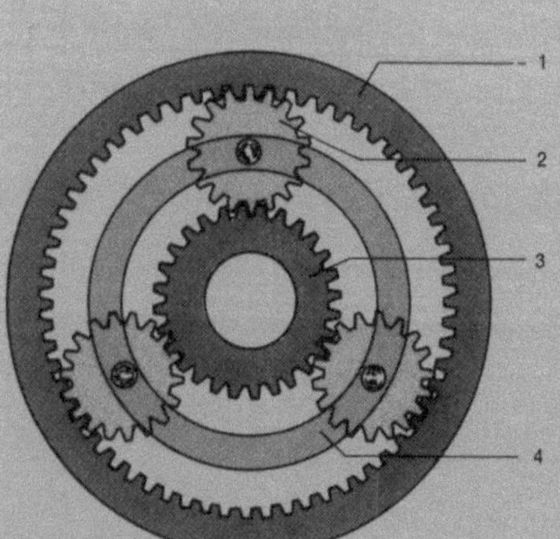

---

* Für die Berechnung des Übersetzungsverhältnisses darf so vorgegangen werden. Wegen der Ausführung des Hohlrads als Innenzahnrad funktioniert das in der Praxis aber nicht immer so.

Bild 5-1: Aufbau eines Planetensatzes.
1) Hohlrad
2) Planetenrad
3) Sonnenrad
4) Planetenradträger

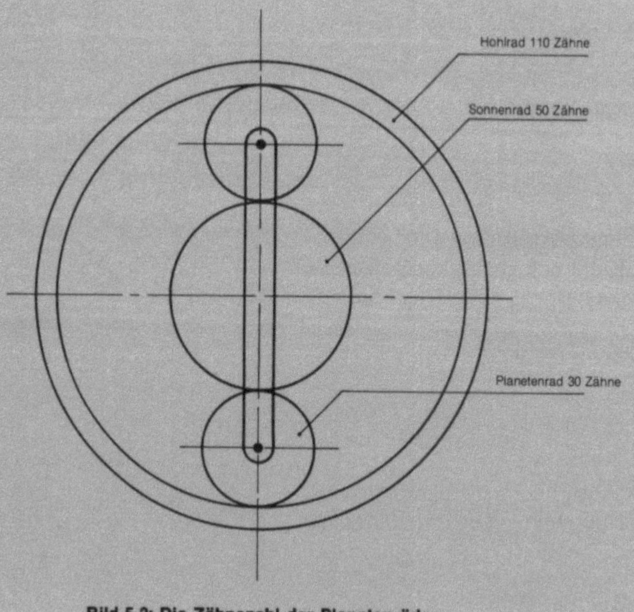

Bild 5-2: Die Zähnezahl der Planetenräder beträgt (110−50)/2 = 30.

Für die Berechnung des Übersetzungsverhältnisses von Planetensätzen gibt es verschiedene Verfahren, von denen das geometrische Verfahren der Geschwindigkeitsermittlung das allgemeingültigste und stets anwendbare ist. Daher werden wir mit diesem Verfahren auch möglichst oft arbeiten.

5.3 Mögliche Übersetzungen eines Einzelsatzes

Die Besonderheit eines Planetensatzes besteht darin, daß sich durch Festhalten eines Gliedes (Planetenradträger, Sonnenrad oder Hohlrad) ein anderes Übersetzungsverhältnis erzielen läßt. Wenn wir außerdem noch den treibenden und den getriebenen Teil berücksichtigen, können mit einem Satz sechs verschiedene Übersetzungsverhältnisse realisiert werden (Bild 5-3). Obwohl diese Übersetzungsverhältnisse für die Fahrzeugtechnik nicht immer direkt brauchbar sind, kann man dennoch aus einem einzelnen Planetensatz ein 3-Ganggetriebe mit Rückwärtsgang konstruieren. Dabei wollen wir einige häufige Übertragungsvarianten nutzen.

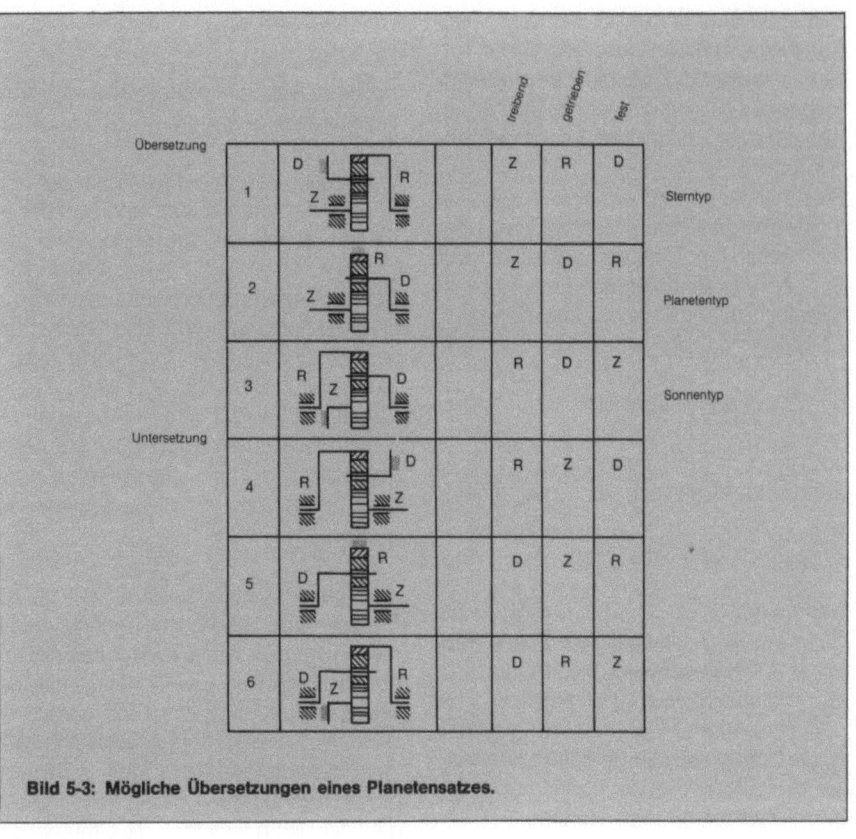

Bild 5-3: Mögliche Übersetzungen eines Planetensatzes.

Für den Planetensatz gibt es drei Varianten:

- Sterntyp   Der Planetenradträger (P) ist feststehend,
             das Sonnenrad (S) ist treibend,
             das Hohlrad (H) wird getrieben.

- Planetentyp Das Hohlrad ist feststehend,
               das Sonnenrad ist treibend,
               der Planetenradträger wird getrieben.

- Sonnentyp   Das Sonnenrad ist feststehend,
               das Hohlrad ist treibend,
               der Planetenradträger wird getrieben.

5.4 Übersetzungsverhältnis beim Sterntyp

(Planetenradträger fest, Sonnenrad treibend, Hohlrad getrieben)

Wir gehen davon aus, daß das Hohlrad 110 und das Sonnenrad 50 Zähne hat.

In Bild 5-4 ist das Prinzip des Sterntyps dargestellt. Aus Gründen der Einfachheit verwenden wir Radien, deren Größe die Hälfte der genannten Zähnezahl beträgt. Dies ist zulässig, solange wir die Radien nur als Verhältniszahlen und nicht als Absolutwerte betrachten. Mit der kleinen Gabel wird in der Zeichnung angegeben,

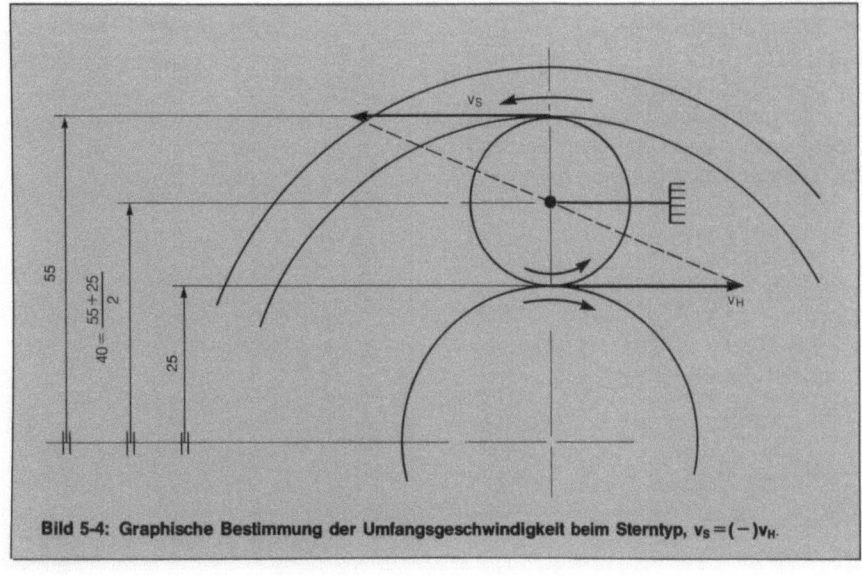

Bild 5-4: Graphische Bestimmung der Umfangsgeschwindigkeit beim Sterntyp, $v_S = (-)v_H$.

daß der Planetenradträger feststeht. Das treibende Sonnenrad hat bei seiner Drehung eine Umfangsgeschwindigkeit von v_S m/s, im Bild durch einen Geschwindigkeitsvektor (Pfeil) mit einer bestimmten, im übrigen aber willkürlichen Länge gekennzeichnet.

Diese Umfangsgeschwindigkeit v_S ist bei ineinandergreifenden Zahnrädern über den gesamten Umfang gleich, so daß Sonnenrad, Planetenrad und Hohlrad dieselbe Umfangsgeschwindigkeit haben. Lediglich die Drehrichtung kehrt sich um, wie durch die unterbrochenen Linien in der Zeichnung dargestellt.

Jetzt läßt sich das Übersetzungsverhältnis anhand der Definition von i bestimmen:

$i = \omega_S/\omega_H = v_S/r_S : v_H/r_H$

Darin sind:
ω_S = Winkelgeschwindigkeit Sonnenrad
ω_H = Winkelgeschwindigkeit Hohlrad
v_S = Umfangsgeschwindigkeit Sonnenrad
v_H = Umfangsgeschwindigkeit Hohlrad
r_S = (Teilkreis-)Radius Sonnenrad
r_H = (Teilkreis-)Radius Hohlrad

Da $v_S = v_H = v$ ist, wird wie folgt berechnet:
$i = v/25 : v/55 = (-)2{,}2$.
Hierbei gibt das Minuszeichen ($-$) an, daß sich die Drehrichtung umkehrt.

In diesem Fall wäre auch eine viel einfachere Berechnung möglich, weil das Planetenrad als Zwischenrad arbeitet und damit keinen Einfluß auf das Übersetzungsverhältnis hat:

Es gilt:
$i = Z_H/Z_S = 110/50 = (-)2{,}2$.
Darin sind:
Z_H = Zähnezahl Hohlrad
Z_S = Zähnezahl Sonnenrad
Dieses Übersetzungsverhältnis läßt sich als Rückwärtsgang nutzen.

5.5 Übersetzungsverhältnis beim Planetentyp

(Hohlrad fest, Sonnenrad treibend, Planetenradträger getrieben)

Wir legen den gleichen Satz mit 110 Zähnen für das Hohlrad und 50 Zähnen für das Sonnenrad zugrunde.

Bei dieser Übertragungsvariante steht das Hohlrad fest, während das Sonnenrad vom Turbinenrad des Drehmomentwandlers mit der Umfangsgeschwindigkeit v_S angetrieben wird (Bild 5-5). Aufgepaßt: in diesem Fall drehen sich die Planetenräder gleichzeitig um die Planetenradbolzen und führen somit eine zweifache Bewegung aus!

Weil das Hohlrad feststeht, wälzen die Planetenräder, die vom Sonnenrad angetrieben werden, auf den Hohlradzähnen ab, wodurch sich der Planetenradträger selbst in Bewegung setzt und damit treibend wird. Die Umfangsgeschwindigkeit des Planetenradträgers läßt sich graphisch nach Bild 5-5 bestimmen. Daraus geht deutlich hervor, daß die Umfangsgeschwindigkeit des Planetenradträgers die Hälfte der Umfangsgeschwindigkeit des Sonnenrads ausmacht (geometrische Verhältnisse im Dreieck).

Zur Bestimmung des Übersetzungsverhältnisses wird wie zuvor gerechnet:

$i = \omega_S/\omega_P = v_S/r_S : v_P/r_P$

Darin sind:
ω_S = Winkelgeschwindigkeit Sonnenrad
ω_P = Winkelgeschwindigkeit Planetenradträger
v_S = Umfangsgeschwindigkeit Sonnenrad
v_P = Umfangsgeschwindigkeit Planetenradträger
r_S = (Teilkreis-)Radius Sonnenrad
r_P = (Teilkreis-)Radius Planetenradträger

Durch Einsetzen der Werte ergibt sich:
$i = v/25 : 1/2\,v/40 = 3{,}2$
wobei die Drehrichtung dieselbe bleibt. Diese Übersetzung ließe sich beispielsweise für den 1. Gang nutzen.

Einfacher, aber weniger universell kann das Übersetzungsverhältnis mit Hilfe der folgenden Formel bestimmt werden:

$$i = \frac{Z_H + Z_S}{Z_S} = \frac{110 + 50}{50} = 3{,}2$$

Darin sind:
Z_H = Zähnezahl Hohlrad
Z_S = Zähnezahl Sonnenrad.

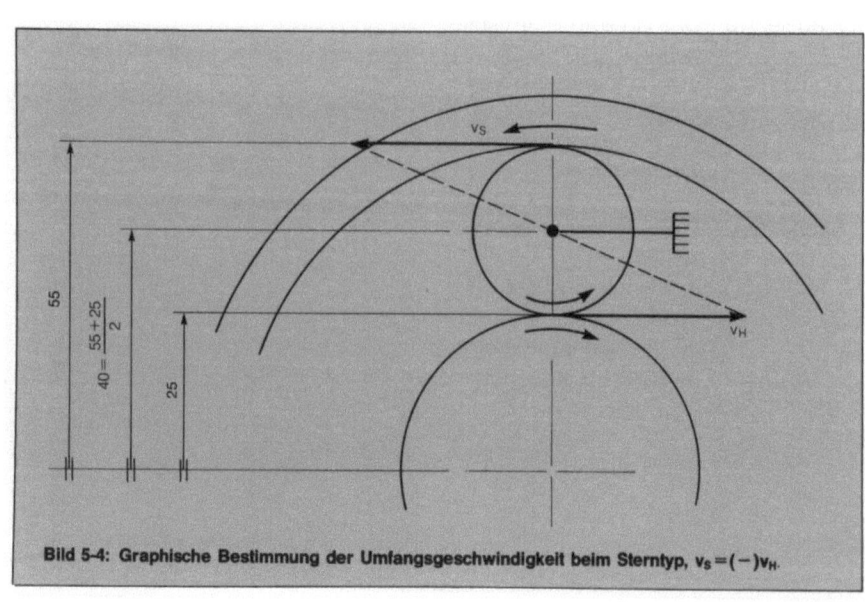

Bild 5-4: Graphische Bestimmung der Umfangsgeschwindigkeit beim Sterntyp, $v_S = (-)v_H$.

5.6 Übersetzungsverhältnis beim Sonnentyp

(Sonnenrad fest, Hohlrad treibend, Planetenradträger getrieben)

Wiederum hat das Hohlrad 110 und das Sonnenrad 50 Zähne.

Wenn das Sonnenrad festgehalten wird, nimmt das treibende Hohlrad die Planetenräder mit. Die Planetenräder selbst wälzen dann auf den Zähnen des blockierten Sonnenrads ab, wodurch der Planetenradträger getrieben wird. Wenn wir die Umfangsgeschwindigkeit des Hohlrads wiederum mit v ansetzen, kann auf dieselbe Weise die Umfangsgeschwindigkeit des Planetenradträgers bestimmt werden (Bild 5-6).

Erneut gilt:

$i = \omega_H/\omega_P = v_H/r_H : v_P/r_P$

Darin sind:
ω_H = Winkelgeschwindigkeit Hohlrad
ω_P = Winkelgeschwindigkeit Planetenradträger
v_H = Umfangsgeschwindigkeit Hohlrad
r_H = Radius Hohlrad
v_P = Umfangsgeschwindigkeit Planetenradträger
r_P = Radius Planetenradträger

Wenn wir die Werte einsetzen, ergibt sich:

$i = v/55 : \frac{1}{2}v/40 = 1,45$
$(v = v_H = 2v_P)$

Mit diesem Übersetzungsverhältnis könnte man einen 2. Gang realisieren.

Auch hier läßt sich eine schnellere Lösung durch folgende Formel finden:

$$i = \frac{Z_H + Z_S}{Z_H} = \frac{110 + 50}{110} = 1,45$$

Wenn wir zusätzlich noch die Tatsache berücksichtigen, daß ein völlig blockierter Satz ein Übersetzungsverhältnis von $i=1$ hat, haben wir alle (übersetzenden) Möglichkeiten eines einfachen Planetensatzes durchgespielt.

Wir wollen zusammenfassen:
- Sterntyp
  $i = -2,2$ Rückwärtsgang
- Planetentyp
  $i = 3,2$ 1. Gang
- Sonnentyp
  $i = 1,45$ 2. Gang
- alle Räder blockiert
  $i = 1$ 3. Gang (Kupplungsfall)

5.7 Berechnung des Übersetzungsverhältnisses bei Drehung aller Glieder

In den vorhergehenden Fällen sind wir immer davon ausgegangen, daß (von den Kupplungen im Getriebe) ein Glied festgehalten wurde. Mitunter läßt sich das erforderliche Übersetzungsverhältnis aber nur durch Aneinanderreihen mehrerer Planetensätze erzielen. Zur Berechnung des Übersetzungsverhältnisses genügt dann oft nicht mehr nur eine einfache Formel, sondern die Geschwindigkeiten müssen mit den genannten geometrischen Verfahren ermittelt werden. Als Beispiel wollen wir den Rückwärtsgang betrachten, bei dem das Sonnenrad getrieben ist, der Planetenradträger festgehalten wird und das Hohlrad treibt (Bild 5-7a).

Nehmen wir einmal an, der Planetenradträger wäre nicht blockiert, sondern würde von einem anderen Satz mit einer bestimmten Umfangsgeschwindigkeit getrieben. In Bild 5-7 sind die jetzt möglichen jeweiligen Zustände mit b, c und d gekennzeichnet.

In Bild 5-7a bis d fällt auf, daß bei einer bestimmten Geschwindigkeit des Planetenradträgers eine variable Übersetzung entsteht, die sowohl positive als auch negative Werte annehmen kann.

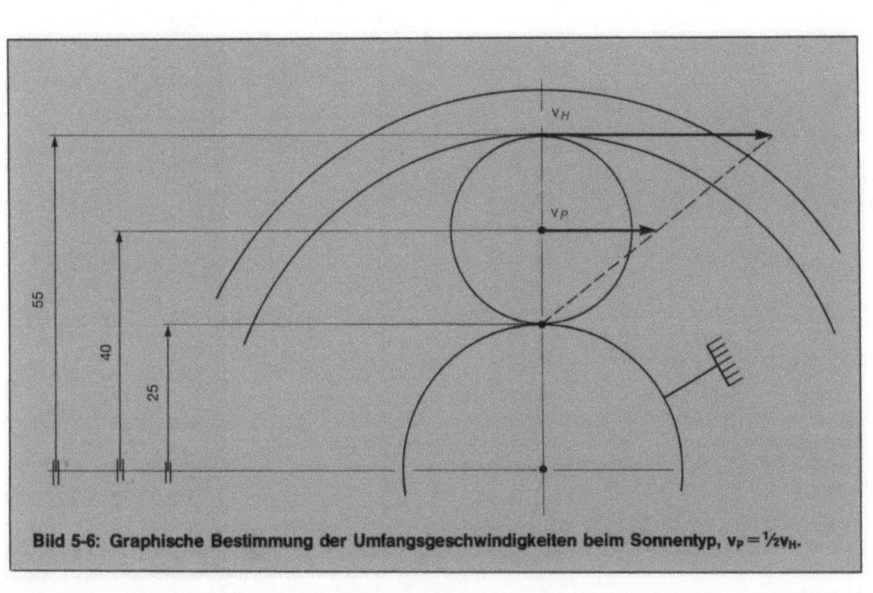

Bild 5-6: Graphische Bestimmung der Umfangsgeschwindigkeiten beim Sonnentyp, $v_P = \frac{1}{2}v_H$.

Als Beispiel für die Berechnung wollen wir uns mit dem letzten Zustand (d) befassen, wobei wir annehmen, daß die Umfangsgeschwindigkeit des Planetenradträgers 3/4 der Geschwindigkeit des treibenden Sonnenrads beträgt.

Für das Übersetzungsverhältnis gilt wiederum:

$i = \omega_{treibend}/\omega_{getrieben}$
$= v_S/r_S : v_H/r_H$

Für die Radien verwenden wir erneut die bisherigen Werte, so daß noch die Umfangsgeschwindigkeiten bestimmt werden müssen. Wenn wir die Umfangsgeschwindigkeit des Sonnenrads mit v ansetzen, so beträgt gemäß unserer o. g. Annahme die Umfangsgeschwindigkeit des Planetenradträgers 3/4 von v. Aus diesen beiden Werten läßt sich in Bild 5-7 d mit Hilfe der Hilfslinien die Umfangsgeschwindigkeit v_H ableiten. Dazu könnten wir die geometrischen Verhältnisse im Dreieck ABC bestimmen. Einfacher geht es aber, wenn wir die kleinen Dreiecke DBE und EFG betrachten. (Möglich ist es auch, diese Umfangsgeschwindigkeit graphisch festzustellen.) In diesem Fall dreht das Hohlrad an seinem Umfang mit $1/2 v$ des Sonnenrads.

In die Formel eingesetzt erhält man:

$i = v/25 : 1/2 v/55$
$i = 4,4$

Damit wurde das Übersetzungsverhältnis bestimmt.

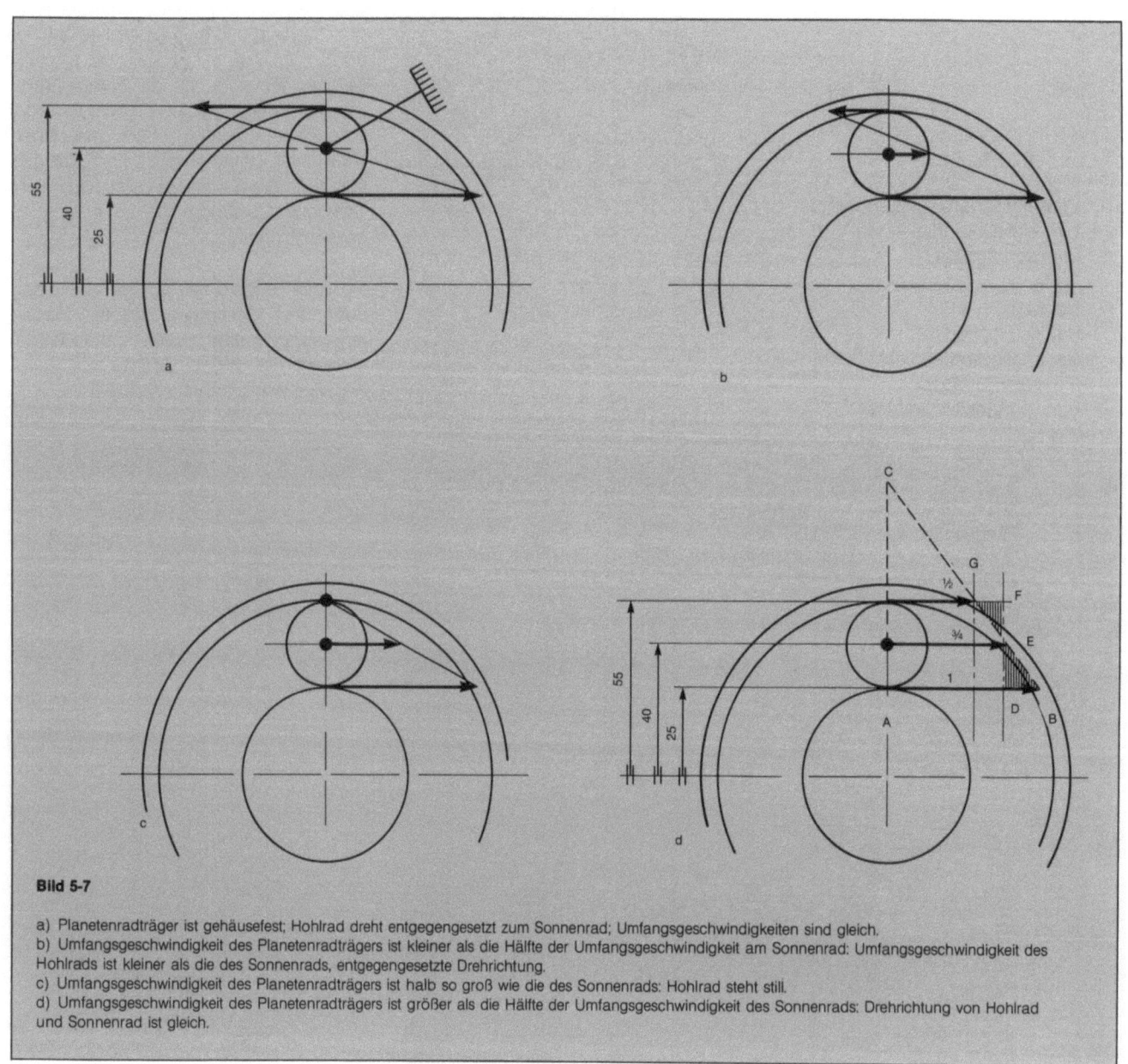

Bild 5-7
a) Planetenradträger ist gehäusefest; Hohlrad dreht entgegengesetzt zum Sonnenrad; Umfangsgeschwindigkeiten sind gleich.
b) Umfangsgeschwindigkeit des Planetenradträgers ist kleiner als die Hälfte der Umfangsgeschwindigkeit am Sonnenrad; Umfangsgeschwindigkeit des Hohlrads ist kleiner als die des Sonnenrads, entgegengesetzte Drehrichtung.
c) Umfangsgeschwindigkeit des Planetenradträgers ist halb so groß wie die des Sonnenrads: Hohlrad steht still.
d) Umfangsgeschwindigkeit des Planetenradträgers ist größer als die Hälfte der Umfangsgeschwindigkeit des Sonnenrads: Drehrichtung von Hohlrad und Sonnenrad ist gleich.

6 Beschreibung von Automatikgetrieben

6.1 Beschreibung des ZF-Automatikgetriebes 3 HP 22

6.1.1 Aufbau

Das Automatikgetriebe ZF 3 HP 22 besteht aus einem hydrodynamischen Drehmomentwandler und einem doppelten Planetensatz mit 3 Gängen. Der Drehmomentwandler und das Planetengetriebe lassen sich an den Motor anpassen, wodurch die Automatik für verschiedene Motorleistungen einsetzbar ist.

Die relativ einfache Konstruktion der Planetensätze mit drei Vorwärtsgängen und einem Rückwärtsgang ist mit dem Drehmomentwandler gekoppelt, der in allen Gängen arbeitet. Als Schaltelemente dienen hydraulisch betätigte Lamellenkupplungen mit Freiläufen. Die automatische Kontrolle und Bedienung ist von der Stellung des Gaspedals, des Wählhebels und der Fahrgeschwindigkeit abhängig. Mit dem handbetätigten Wählhebel wird das jeweilige Schaltprogramm gewählt.

Je nach den vorab eingestellten Fahrbedingungen schaltet das Getriebe automatisch. Vom Fahrer kann die automatische Steuerung durch maximales Durchtreten des Gaspedals beeinflußt werden (Kickdown). Damit wird zum Beschleunigen in einen niedrigen Gang zurückgeschaltet, und das Hochschalten in den folgenden Gang erfolgt erst, wenn die maximale Motordrehzahl erreicht ist.

Die höchste Momentwandlung der verschiedenen Drehmomentwandler reicht von 1,9 bis 2,3.
In Bild 6-1 ist die Vorder- und Seitenansicht des Getriebes dargestellt; Bild 6-2 zeigt eine Schnittzeichnung.

ZF 3 HP 22 – Allgemeine Daten		
Eingangsdrehmoment in Nm	für Pkw	100 bis 380 wahlweise
mechanische Übersetzungsverhältnisse	1. Gang	2,48–2,73
	2. Gang	1,48–1,56
	3. Gang	1,0
Rückwärtsgang =	4. Gang	–2,09
Die Auswahl ist von der Anwendung in Pkw oder Nkw abhängig.		

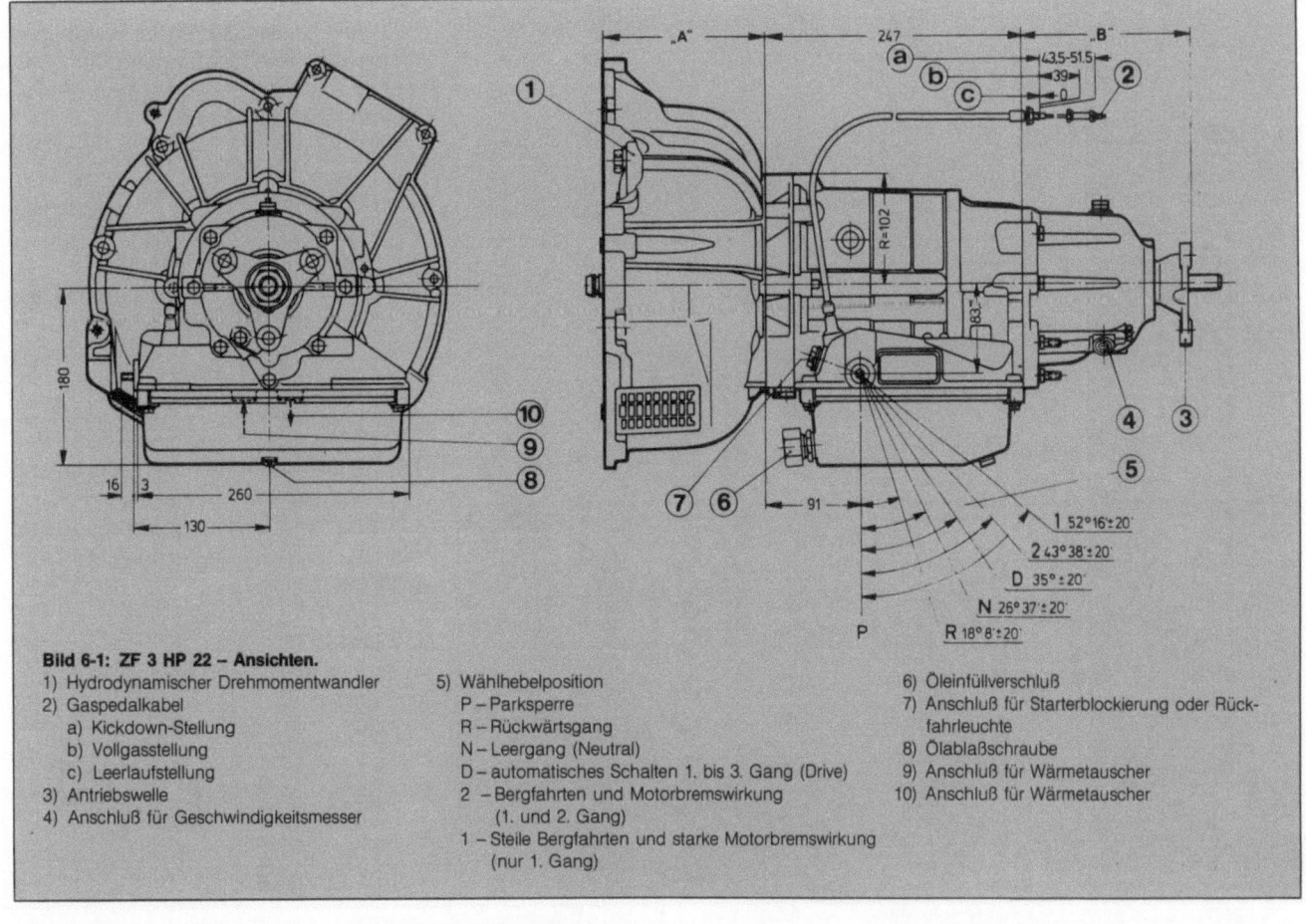

Bild 6-1: ZF 3 HP 22 – Ansichten.
1) Hydrodynamischer Drehmomentwandler
2) Gaspedalkabel
   a) Kickdown-Stellung
   b) Vollgasstellung
   c) Leerlaufstellung
3) Antriebswelle
4) Anschluß für Geschwindigkeitsmesser
5) Wählhebelposition
   P – Parksperre
   R – Rückwärtsgang
   N – Leergang (Neutral)
   D – automatisches Schalten 1. bis 3. Gang (Drive)
   2 – Bergfahrten und Motorbremswirkung (1. und 2. Gang)
   1 – Steile Bergfahrten und starke Motorbremswirkung (nur 1. Gang)
6) Öleinfüllverschluß
7) Anschluß für Starterblockierung oder Rückfahrleuchte
8) Ölablaßschraube
9) Anschluß für Wärmetauscher
10) Anschluß für Wärmetauscher

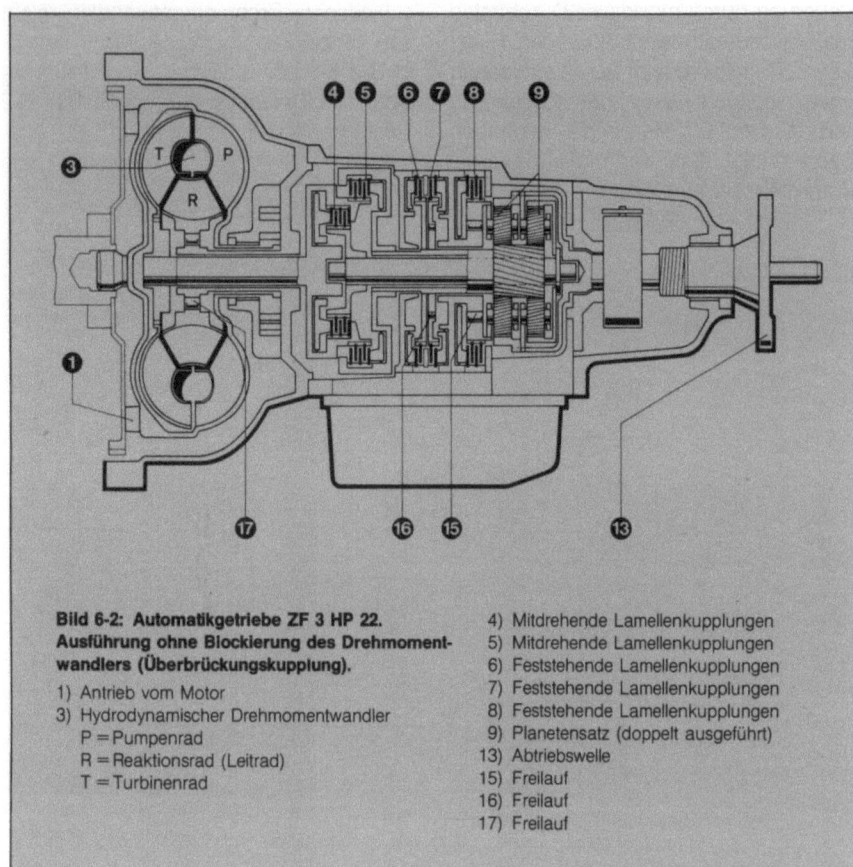

Bild 6-2: Automatikgetriebe ZF 3 HP 22.
Ausführung ohne Blockierung des Drehmomentwandlers (Überbrückungskupplung).

1) Antrieb vom Motor
3) Hydrodynamischer Drehmomentwandler
  P = Pumpenrad
  R = Reaktionsrad (Leitrad)
  T = Turbinenrad
4) Mitdrehende Lamellenkupplungen
5) Mitdrehende Lamellenkupplungen
6) Feststehende Lamellenkupplungen
7) Feststehende Lamellenkupplungen
8) Feststehende Lamellenkupplungen
9) Planetensatz (doppelt ausgeführt)
13) Abtriebswelle
15) Freilauf
16) Freilauf
17) Freilauf

6.1.2 Die Gänge

In Bild 6-3 ist das Getriebe nochmals schematisch dargestellt, während die Bilder 6-4a bis 6-4d den Kraftverlauf in den verschiedenen Gängen erkennen lassen. Mit den fett gezeichneten Linien sind die aktiven Teile gekennzeichnet.
Wir wollen die jeweiligen Gänge einzeln betrachten.

– 1. Gang (Bild 6-4a)
Die Lamellenkupplung 4 ist geschlossen, wodurch das Hohlrad im Satz 9b getrieben werden kann. Beim Antreiben wälzt sich der Planetenradträger im Satz 9a auf dem Freilauf 15 ab (Freilauf fest). Bei der Bremswirkung des Motors ist der Freilauf in Betrieb (Freilauf gelöst). In der Wählhebelstellung 1 ist außerdem Kupplung 8 geschlossen, um den Motor abbremsen zu können.
Folglich arbeitet bei dieser Übertragungsvariante Satz 9a als Sterntyp, während alle Glieder von Satz 9b rotieren. (Siehe dazu „Berechnung des Übersetzungsverhältnisses im 1. Gang".)

– 2. Gang (Bild 6-4b)
Die Kupplungen 4, 6 und 7 sind geschlossen, der Freilauf 15 ist gelöst (Freilauf in Betrieb). Die Hohlwelle mit dem Sonnenrad im Planetensatz 9b ist feststehend. Somit wird eine Übertragung vom Sonnentyp realisiert (Hohlrad treibend, Planetenradträger getrieben).

– 3. Gang (Bild 6-4c)
Die Kupplungen 4, 5 und 7 sind geschlossen, die Freilaufkupplungen 15 und 16 sind gelöst (Freilauf in Betrieb).
Das Planetengetriebe 9 dreht als Ganzes mit (Übersetzungsverhältnis $i=1$).

– Rückwärtsgang (Bild 6-4d)
Die Kupplungen 5 und 8 sind geschlossen. Infolge des blockierten vorderen Planetenradträgers wird die Drehrichtung der Antriebswelle umgekehrt. Folglich handelt es sich um eine Übertragung vom Sterntyp (Sonnenrad treibend, Hohlrad getrieben).

– Leerlauf
In der Leerlaufstellung sind alle Kupplungen gelöst.

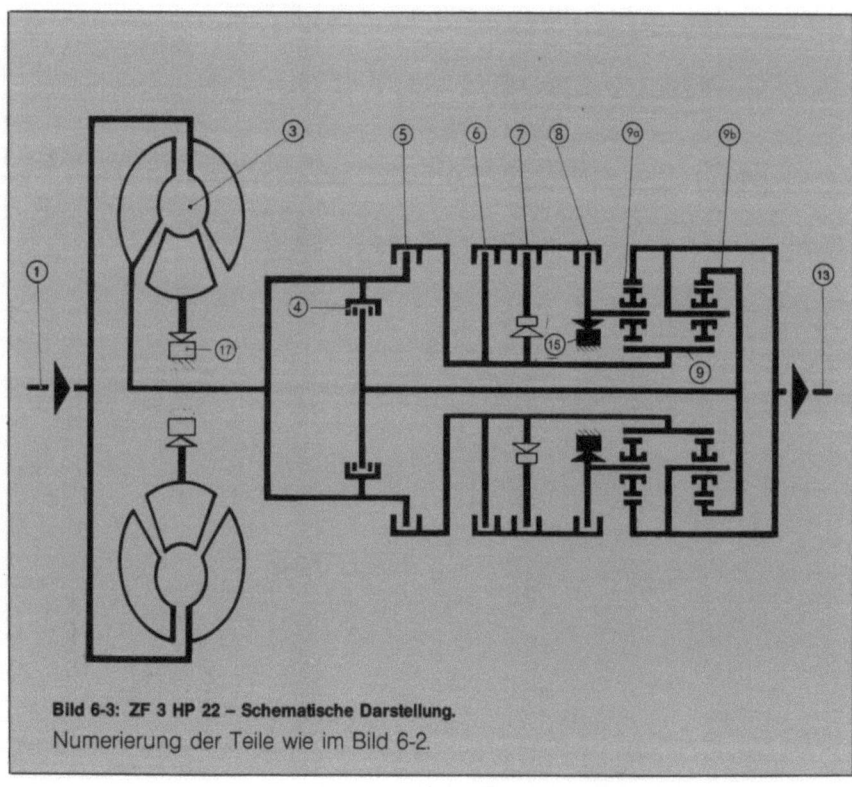

Bild 6-3: ZF 3 HP 22 – Schematische Darstellung.
Numerierung der Teile wie im Bild 6-2.

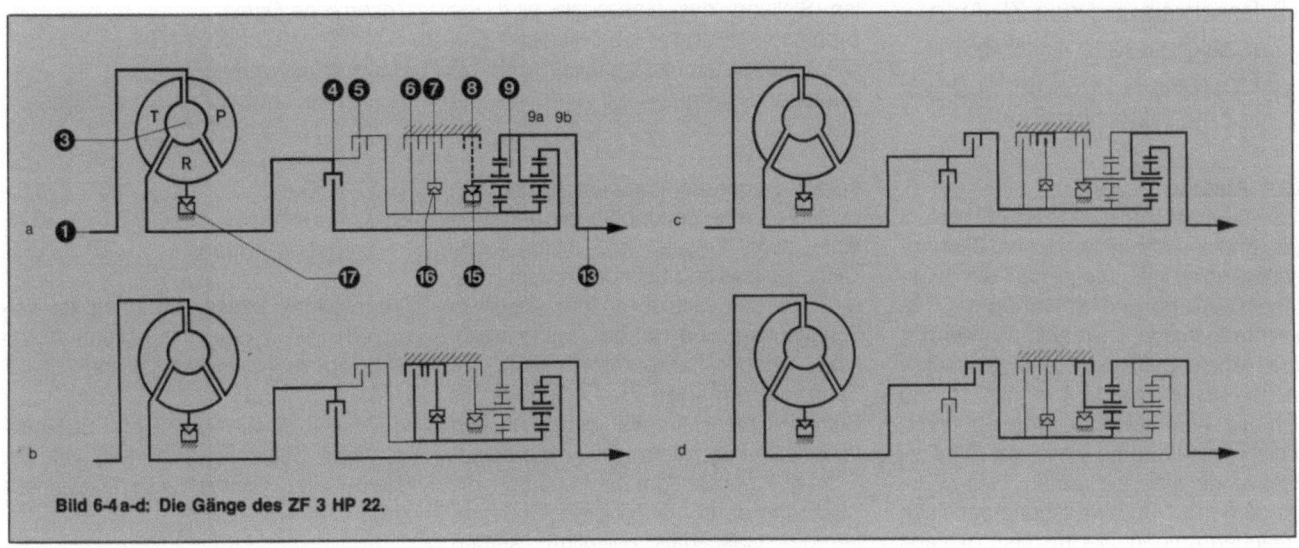

Bild 6-4 a-d: Die Gänge des ZF 3 HP 22.

6.1.3 Berechnung des Übersetzungsverhältnisses im 1. Gang

Nur im 1. Gang werden für die Übersetzung zwei aneinandergekoppelte Sätze genutzt, wodurch sich das Übersetzungsverhältnis schon wesentlich schwieriger durchschauen läßt.

Für die Berechnung enthält Bild 6-5 die Frontansichten der beiden Planetensätze, wobei wir erneut die zuvor verwendeten Werte zugrunde legen. Da im Satz 9a der Planetenradträger blockiert ist, setzen wir die Umfangsgeschwindigkeit des Hohlrads mit v [m/s] an. Dadurch wird die Winkelgeschwindigkeit (ω) der Abtriebswelle $v/55$ [rad/s], und ist damit gleich der kinkelgeschwindigkeit des Planetenradträgers im Satz 9b (Hohlrad und Planetenradträger miteinander gekoppelt). Gemäß der graphischen Bestimmung in Bild 6-5a beträgt die Umfangsgeschwindigkeit des Sonnenrads ebenfalls v m/s. Da die Sonnenräder miteinander gekoppelt sind, dreht auch das Sonnenrad im Satz 9b mit einer Umfangsgeschwindigkeit von v m/s. Zu berechnen ist die Umfangsgeschwindigkeit des Planetenradträgers im Satz 9b bei einer Winkelgeschwindigkeit von $v/55$ rad/s. Folglich berechnet sich die Umfangsgeschwindigkeit zu:
$(v/55) \times 40 = 0{,}73\ v$. Durch maßstäbliche Darstellung (Bild 6-5b) kann die Umfangsgeschwindigkeit des Hohlrads (Satz 9b) bestimmt werden. Unter Berücksichtigung der geometrischen Verhältnisse kommen wir in der Berechnung auf $v_p = 2{,}46\ v$.

Die Winkelgeschwindigkeit der Antriebswelle beträgt also 2,46 $v/55$ [rad/s].

Somit beläuft sich das Übersetzungsverhältnis in diesem Beispiel auf:

$i = \omega_{\text{Antriebswelle}} : \omega_{\text{Abtriebswelle}}$
$i = 2{,}46\ v/55 : v/55$
$i = 2{,}46$

Dabei ist die Drehrichtung der Antriebswelle gleich der Drehrichtung der Abtriebswelle.

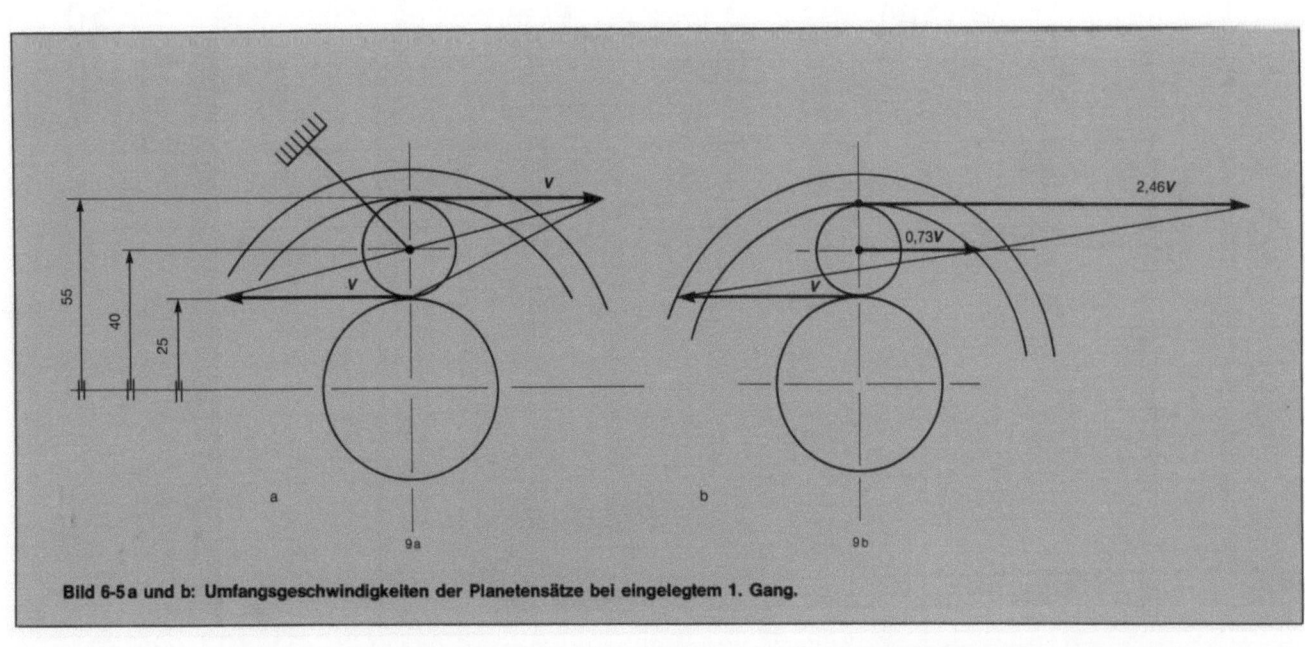

Bild 6-5 a und b: Umfangsgeschwindigkeiten der Planetensätze bei eingelegtem 1. Gang.

6.2 Beschreibung des ZF-Automatikgetriebes 4 HP 22 mit Überbrückungskupplung für leichte Nkw und Pkw

6.2.1 Aufbau

Das Automatikgetriebe ZF 4 HP 22 besteht aus einem hydrodynamischen Drehmomentwandler mit integrierter Überbrückungskupplung und einem 4-Gang-Planetenradgetriebe. Drehmomentwandler und Planetengetriebe können konstruktiv an den Motor angepaßt werden, so daß sich die Automatik für Motoren unterschiedlicher Leistung einsetzen läßt. Das Planetengetriebe mit seinen 4 Vorwärtsgängen und 1 Rückwärtsgang hat einen einfachen Aufbau. Der mit dem Getriebe verbundene Drehmomentwandler arbeitet in allen Gängen. Bei Erreichen einer vorgeschriebenen Fahrgeschwindigkeit im 4. Gang zusammen mit einer bestimmten Stellung des Gaspedals wird der Drehmomentwandler von einem Überbrückungssystem festgehalten, und die Kraftübertragung erfolgt rein mechanisch.

In der Steuerung kommen hydraulisch betätigte Lamellenkupplungen und Freiläufe zum Einsatz. Die hydraulische Getriebesteuerung befindet sich im unteren Teil des Getriebes. Ihre effektiven Schaltpunkte sind von der Gaspedalstellung und der Fahrgeschwindigkeit des Fahrzeugs abhängig. Zur Bedienung des Getriebes dient ein Wählhebel. An den festgelegten Schaltpunkten wird automatisch geschaltet. Vom Fahrer kann die Steuerung durch vollständiges Durchtreten des Gaspedals beeinflußt werden (Kickdown-Wirkung), wodurch ein niedrigerer Gang zur stärkeren Beschleunigung eingelegt wird, sofern die Fahrzeuggeschwindigkeit dies zuläßt.

Technische Daten:

Übersetzungsverhältnis
(mechanisch)		wahlweise
1. Gang	2,48	2,73
2. Gang	1,48	1,56
3. Gang	1,0	1,0
4. Gang	0,73	0,73
Rückwärtsgang	2,09	2,09

Die maximale Momentwandlung der verschiedenen Typen von Drehmomentwandlern liegt zwischen 1,9 und 2,3.

In Bild 6-6 ist die Vorder- und Seitenansicht des Getriebes dargestellt, während Bild 6-7 einen Schnitt durch das Getriebe zeigt.

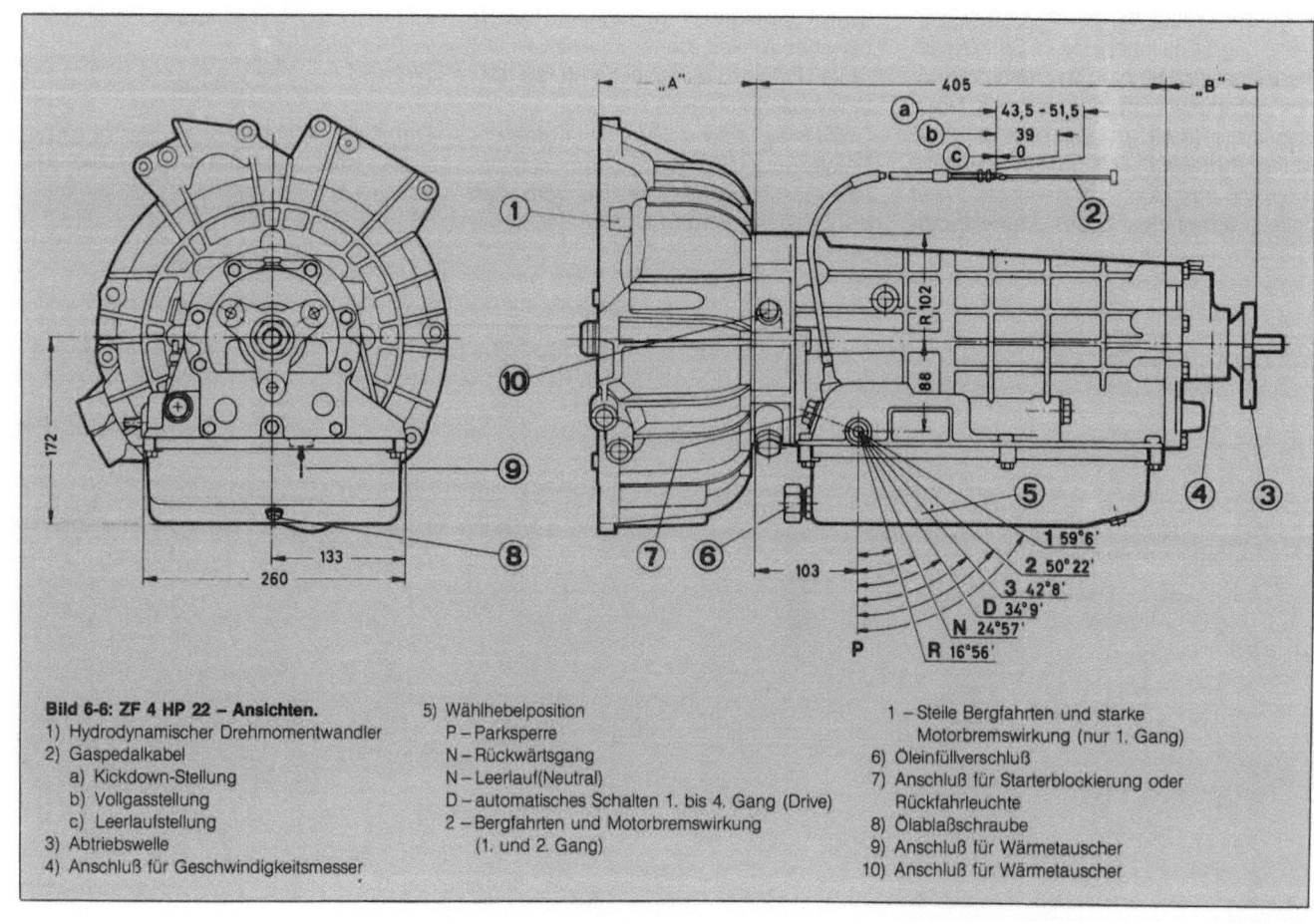

Bild 6-6: ZF 4 HP 22 – Ansichten.
1) Hydrodynamischer Drehmomentwandler
2) Gaspedalkabel
   a) Kickdown-Stellung
   b) Vollgasstellung
   c) Leerlaufstellung
3) Abtriebswelle
4) Anschluß für Geschwindigkeitsmesser
5) Wählhebelposition
   P – Parksperre
   N – Rückwärtsgang
   N – Leerlauf (Neutral)
   D – automatisches Schalten 1. bis 4. Gang (Drive)
   2 – Bergfahrten und Motorbremswirkung (1. und 2. Gang)
   1 – Steile Bergfahrten und starke Motorbremswirkung (nur 1. Gang)
6) Öleinfüllverschluß
7) Anschluß für Starterblockierung oder Rückfahrleuchte
8) Ölablaßschraube
9) Anschluß für Wärmetauscher
10) Anschluß für Wärmetauscher

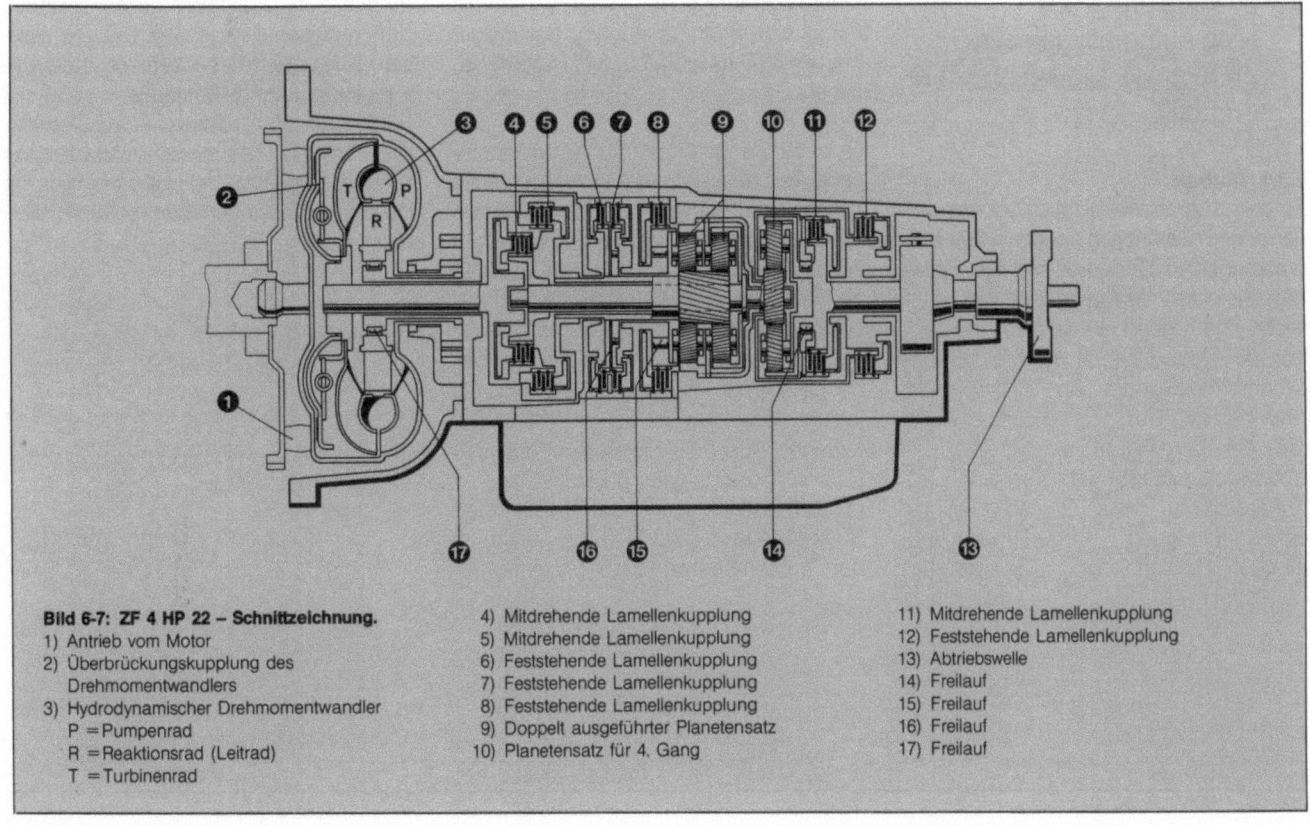

Bild 6-7: ZF 4 HP 22 – Schnittzeichnung.
1) Antrieb vom Motor
2) Überbrückungskupplung des Drehmomentwandlers
3) Hydrodynamischer Drehmomentwandler
   P = Pumpenrad
   R = Reaktionsrad (Leitrad)
   T = Turbinenrad
4) Mitdrehende Lamellenkupplung
5) Mitdrehende Lamellenkupplung
6) Feststehende Lamellenkupplung
7) Feststehende Lamellenkupplung
8) Feststehende Lamellenkupplung
9) Doppelt ausgeführter Planetensatz
10) Planetensatz für 4. Gang
11) Mitdrehende Lamellenkupplung
12) Feststehende Lamellenkupplung
13) Abtriebswelle
14) Freilauf
15) Freilauf
16) Freilauf
17) Freilauf

6.2.2 Die Gänge des ZF 4 HP 22

– 1. Gang (Bild 6-8a)
Die Kupplungen 4 und 11 sind geschlossen. Während des Antriebs stößt sich der Planetenringträger im Satz 9a vom Freilauf 15 ab (Freilauf fest); für die Bremswirkung des Motors ist der Freilaufmechanismus jedoch in Betrieb (Freilauf gelöst). Der Planetensatz 10 dreht als Ganzes mit, wodurch die Übertragung dem 1. Gang beim 3 HP 22 entspricht. In der Wählhebelstellung 1 wird außerdem die Kupplung 8 geschlossen, wodurch mit dem Motor abgebremst werden kann.

– 2. Gang (Bild 6-8b)
Die Kupplungen 4, 6, 7 und 11 sind geschlossen, der Freilauf 15 ist gelöst (Freilauf in Betrieb). Die Hohlwelle mit dem Sonnenrad vom Planetensatz 9 ist feststehend. Satz 10 dreht als Ganzes mit. Die Übertragung ist mit dem 2. Gang des 3 HP 22 identisch.

– 3. Gang (Bild 6-8c)
Die Kupplungen 4, 5, 7 und 11 sind geschlossen. Bei den Freiläufen 15 und 16 ist der Freilaufmechanismus in Betrieb. Die Planetensätze 9 und 10 drehen als Ganzes mit. Damit ist das Übersetzungsverhältnis $i=1$ und entspricht wiederum dem 3. Gang des 3 HP 22.

– 4. Gang (Bild 6-8d)
Die Kupplung 4, 5, 7 und 12 sind geschlossen. Bei den Freiläufen 14, 15 und 16 ist der Freilaufmechanismus in Betrieb. Der Planetensatz 9b dreht als Ganzes mit. Die Hohlwelle von Satz 10 ist feststehend, so daß sich insgesamt ein Übersetzungsverhältnis von $i<1$ ergibt. Oberhalb einer bestimmten Fahrgeschwindigkeit wird der Drehmomentwandler 3 von der Überbrückungskupplung 2 festgehalten.

– Rückwärtsgang (Bild 6-8e)
Die Kupplungen 5, 8 und 11 sind geschlossen. Durch den blockierten Planetenradträger im Satz 9a wird die Drehrichtung der Antriebswelle umgekehrt. Satz 10 dreht als Ganzes mit, wodurch sich wiederum identische Verhältnisse wie beim 3 HP 22 ergeben.

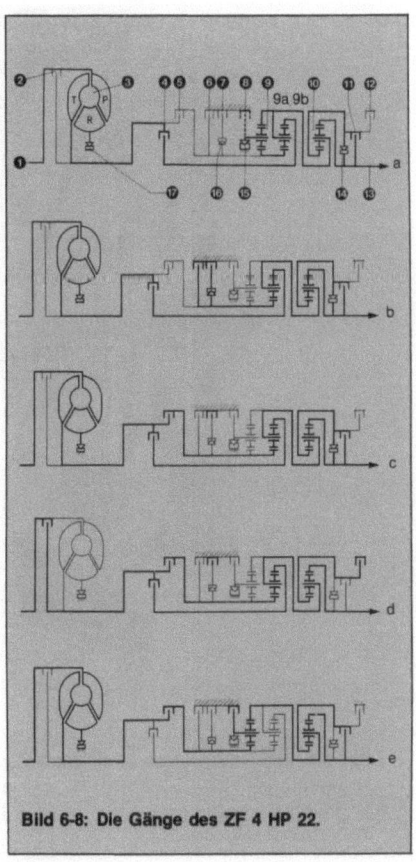

Bild 6-8: Die Gänge des ZF 4 HP 22.

6.3 Beschreibung des Nkw-Automatikgetriebes ZF Ecomat Typ HP 500, 590 und 600

6.3.1 Aufbau

Aufgrund ihrer Vielseitigkeit können die genannten Getriebe in nahezu allen Nutzfahrzeugtypen eingesetzt werden. Dabei hat man die Wahl zwischen vier, fünf, sechs oder sieben Gängen.

Von der Bauart her ist der hydraulische Drehmomentwandler ein Trilok-Wandler (Pumpenrad, Turbinenrad und ein Leitrad), der standardmäßig mit Freilauf und Überbrückungskupplung ausgeführt ist.

Außerdem ist diese Getriebereihe mit einem integrierten Retarder (hydrodynamische Motorbremse) ausgestattet. Mehr dazu im Kapitel „Retarder". In Bild 6-9 ist eine Schnittzeichnung des Getriebes HP 500 mit eingebautem Retarder zu sehen.

Je nach Gangzahl umfaßt der mechanische Teil des Getriebes eine bestimmte Anzahl von Planetengetriebesätzen, die über hydraulisch betätigte Kupplungen in Abhängigkeit vom gewünschten Übersetzungsverhältnis (Wählhebelstellung) verbunden werden können. In Bild 6-10 ist schematisch dargestellt, wie die verschiedenen Gänge zustande kommen. Als letztes Berechnungsbeispiel enthält der folgende Abschnitt die Berechnung des Rückwärtsgangs gemäß Bild 6-10h.

In den Darstellungen für den 1., 2. und den Rückwärtsgang (Bild 6-10 b, c und h) ist der Drehmomentwandler gestrichelt wiedergegeben. Damit wird gekennzeichnet, daß in diesen Gängen der Drehmomentwandler vor dem Schließen der Überbrückungskupplung in Betrieb ist.

Für die Steuerung dieses Automatikgetriebes wird ein elektronisch-hydraulisches System eingesetzt, mit dem wir uns im letzten Kapitel eingehender befassen werden.

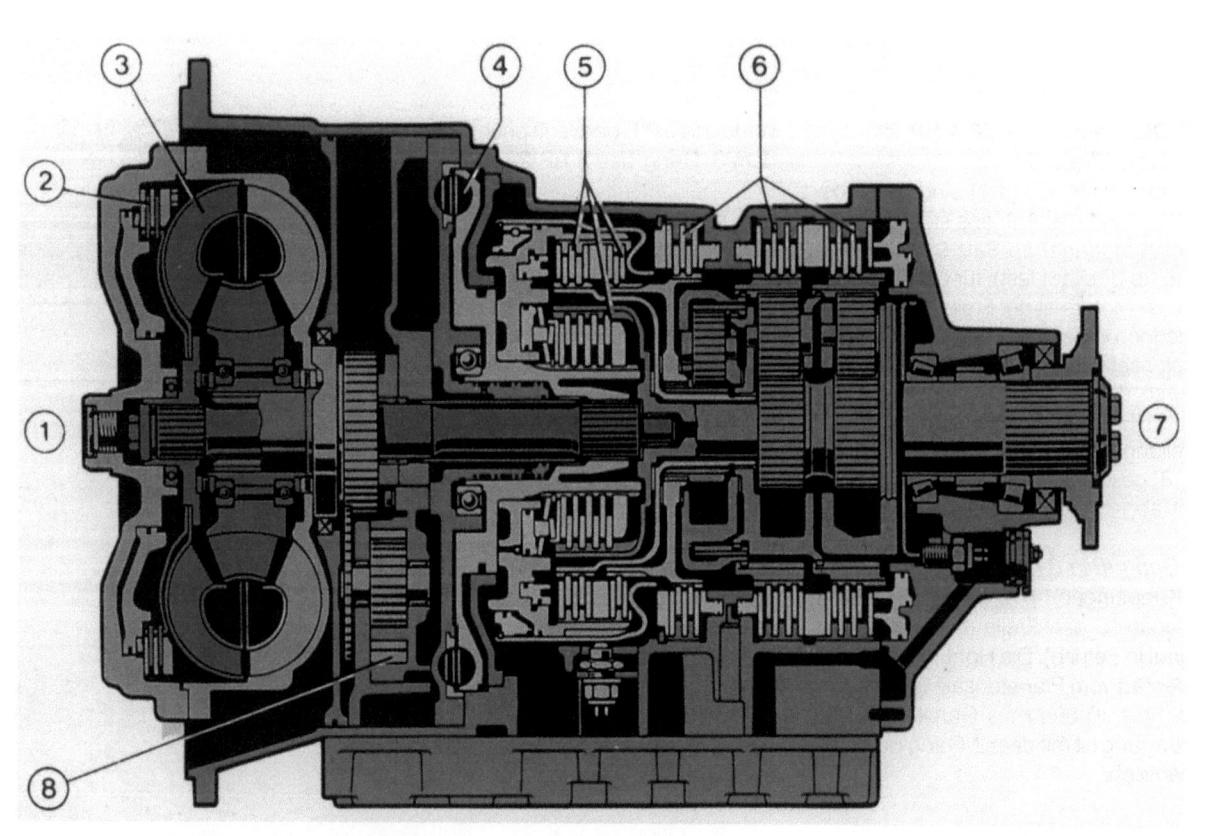

Bild 6-9: Automatikgetriebe ZF HP 500 im Schnitt (6-Stufen-Getriebe mit Rückwärtsgang).
1) Antriebswelle
2) Überbrückungskupplung
3) Drehmomentwandler
4) Retarder
5) Verbindungen der Planetensätze
6) Kupplungen
7) Abtriebswelle
8) Speisepumpe

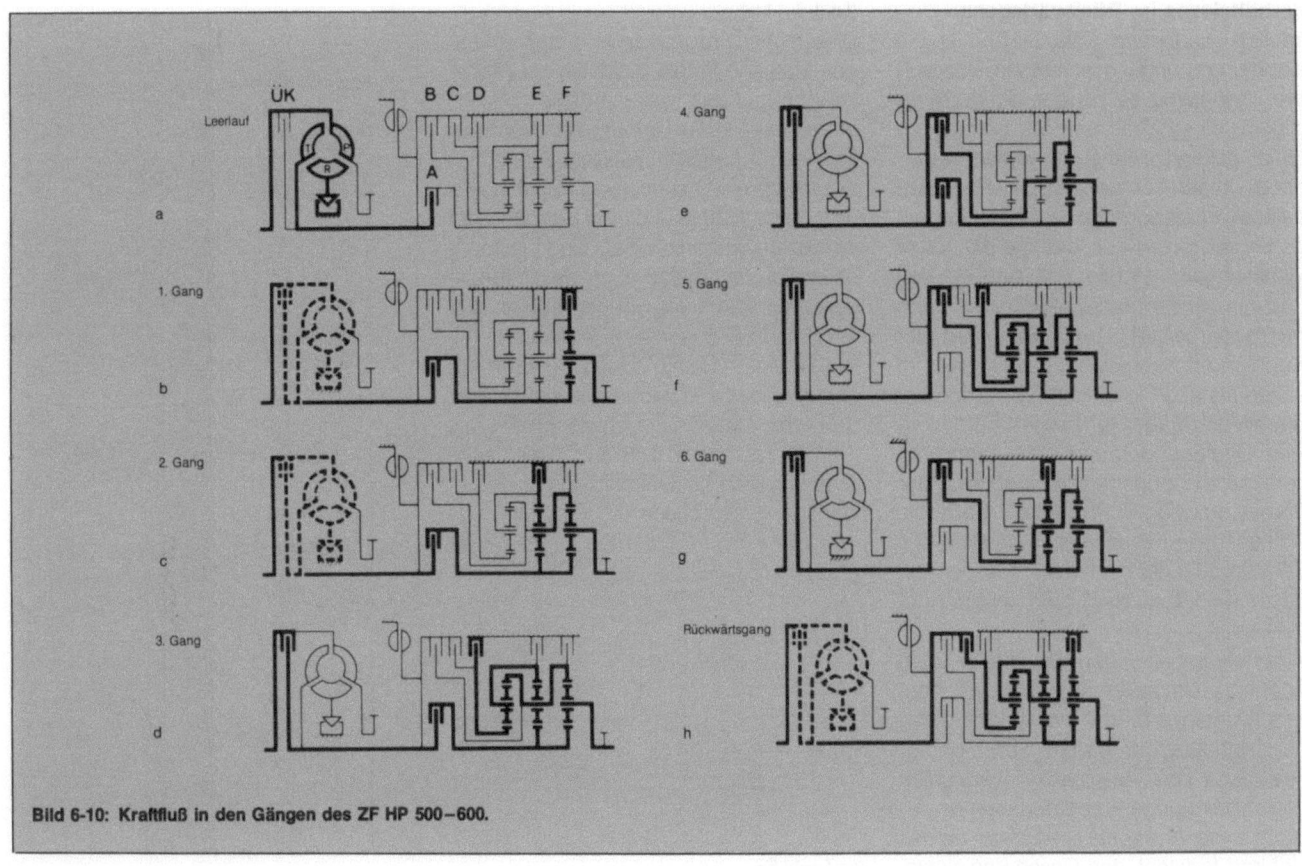

Bild 6-10: Kraftfluß in den Gängen des ZF HP 500–600.

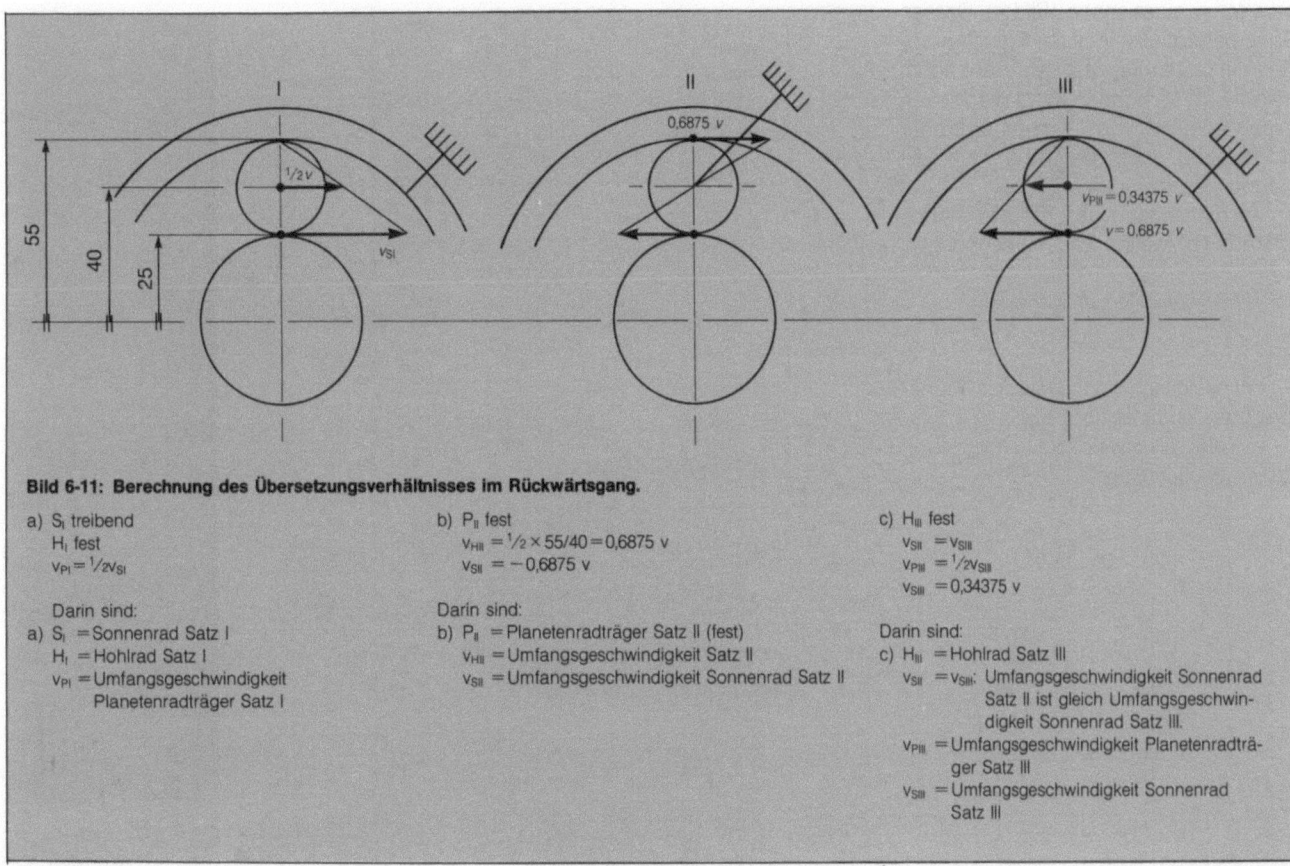

Bild 6-11: Berechnung des Übersetzungsverhältnisses im Rückwärtsgang.

a) S_I treibend
   H_I fest
   $v_{PI} = 1/2 \, v_{SI}$

Darin sind:
a) S_I = Sonnenrad Satz I
   H_I = Hohlrad Satz I
   v_{PI} = Umfangsgeschwindigkeit Planetenradträger Satz I

b) P_{II} fest
   $v_{HII} = 1/2 \times 55/40 = 0{,}6875 \, v$
   $v_{SII} = -0{,}6875 \, v$

Darin sind:
b) P_{II} = Planetenradträger Satz II (fest)
   v_{HII} = Umfangsgeschwindigkeit Satz II
   v_{SII} = Umfangsgeschwindigkeit Sonnenrad Satz II

c) H_{III} fest
   $v_{SII} = v_{SIII}$
   $v_{PIII} = 1/2 \, v_{SII}$
   $v_{SIII} = 0{,}34375 \, v$

Darin sind:
c) H_{III} = Hohlrad Satz III
   $v_{SII} = v_{SIII}$: Umfangsgeschwindigkeit Sonnenrad Satz II ist gleich Umfangsgeschwindigkeit Sonnenrad Satz III.
   v_{PIII} = Umfangsgeschwindigkeit Planetenradträger Satz III
   v_{SIII} = Umfangsgeschwindigkeit Sonnenrad Satz III

6.3.2 Berechnung des Übersetzungsverhältnisses im Rückwärtsgang

Im Rückwärtsgang (Bild 6-10h) ist die Kupplung C und F geschlossen, wodurch drei Planetensätze bei der Übertragung wirken. Dies ist mit den fett gedruckten Linien gekennzeichnet. Wir wollen wiederum die in den früheren Beispielen verwendeten Werte zugrunde legen. Außerdem gehen wir davon aus, daß die drei Sätze identisch sind. In Bild 6-11 sind die drei Sätze in der Frontansicht von links nach rechts dargestellt. Durch Schließen der Kupplung F wird sowohl das Hohlrad im ersten als auch im dritten Satz sowie der Planetenradträger im zweiten Satz blockiert. Das Sonnenrad im ersten Satz wird vom Motor angetrieben, während der Planetenradträger im dritten Satz die Abtriebswelle des Getriebes darstellt. Die Sonnenräder der beiden rechts liegenden Sätze (Bild b und c) sind miteinander gekoppelt.

Wir nehmen an, daß der Motor dem Sonnenrad im ersten Satz eine Umfangsgeschwindigkeit von v m/s verleiht, die in der Zeichnung durch einen Geschwindigkeitsvektor mit bestimmter (willkürlich gewählter) Länge wiedergegeben ist. Nach dieser Annahme können wir, da das Hohlrad feststeht, den Geschwindigkeitsvektor des Planetenradträgers in der üblichen Weise einzeichnen (Bild a). Dessen Länge beträgt $1/2 v$. Weil der Planetenradträger im ersten Satz mit dem Hohlrad im zweiten Satz verbunden ist, ist die Winkelgeschwindigkeit von Planetenradträger und Hohlrad gleich (Achtung: nicht die Umfangsgeschwindigkeit!). Daraus können wir die Umfangsgeschwindigkeit des Hohlrads im zweiten Satz berechnen:

$$\omega_{PI} = \omega_{HII} = 1/2 v / 40 = v_{HII}/55$$

Darin sind:
ω_{PI} = Winkelgeschwindigkeit des Planetenradträgers im ersten Satz
ω_{HII} = Winkelgeschwindigkeit des Hohlrads im zweiten Satz

Als Ergebnis erhalten wir: $v_{HII} = 0{,}6875\ v$ (Bild 6-11 b).

Diesen Wert tragen wir im entsprechenden Maßstab in Bild b ein. Da der Planetenradträger des zweiten Satzes feststeht, beträgt auch die Umfangsgeschwindigkeit des Sonnenrads in diesem Satz 0,6875 v, lediglich die Drehrichtung hat sich jetzt umgekehrt (Bild 6-11 b). Die Sonnenräder im zweiten und dritten Satz sind miteinander gekoppelt, so daß auch die Umfangsgeschwindigkeit des Sonnenrads im dritten Satz 0,6875 v beträgt. Weil das Hohlrad im dritten Satz blockiert ist, kann auf die übliche Weise nachgewiesen werden, daß die Umfangsgeschwindigkeit des Planetenradträgers 0,6875 v : 2 ausmacht. Jetzt läßt sich die Übersetzung im Rückwärtsgang berechnen:

$$i = \omega_{\text{Antriebswelle}} / \omega_{\text{Abtriebswelle}}$$

folglich:

$$i = \frac{\dfrac{v}{25}}{\dfrac{0{,}34375\ v}{40}}$$

$$i = (-)4{,}65$$

7 Hydrauliksteuerung

7.1 Allgemeines

Die Schaltung eines Automatikgetriebes erfolgt durch Ein- und Ausrücken verschiedener Lamellenkupplungen und/oder Bandbremsen, die hydraulisch betätigt werden.

Diese hydraulischen Schaltmanöver werden von verschiedenen hydraulischen Bauelementen gesteuert, die gewährleisten, daß der richtige Öldruck zum richtigen Zeitpunkt auf die jeweiligen Kupplungszylinder wirkt. Je nach Getriebe kann die Hydraulik in ihren Details etwas unterschiedlich ausgeführt sein, im Großen und Ganzen jedoch ist die hydraulische Steuerung bei allen Automatikgetrieben gleich. Anhand der hydraulischen Getriebesteuerung des ZF 3 HP 22 werden wir die Arbeitsweise erläutern und Beispiele für Konstruktionen anführen, die man bei anderen Versionen antreffen kann.

In der Übersichtszeichnung (Bild 7-2) werden die Teile gezeigt. Als hydraulische Bauelemente nennen wir:

– Speisepumpe mit Druckregler(n)	2, 3 und 4	
– Wählkolben (handbetätigt)	8	
– Schaltkolben	9, 10	
– Fliekraftregler	11	
– Verriegelungskolben	12, 13	siehe Bild 7-2
– Druckregelkolben Motorlast } Drosselklappen-Druckregel-einheit	14	
– Modulations-druckregelkolben	15	
– Kupplungsdruckkolben (4×) (zur Dämpfung von Schaltstößen)	17	
– Kupplungszylinder	⑤, ⑧, ⑦, ⑥, ④	

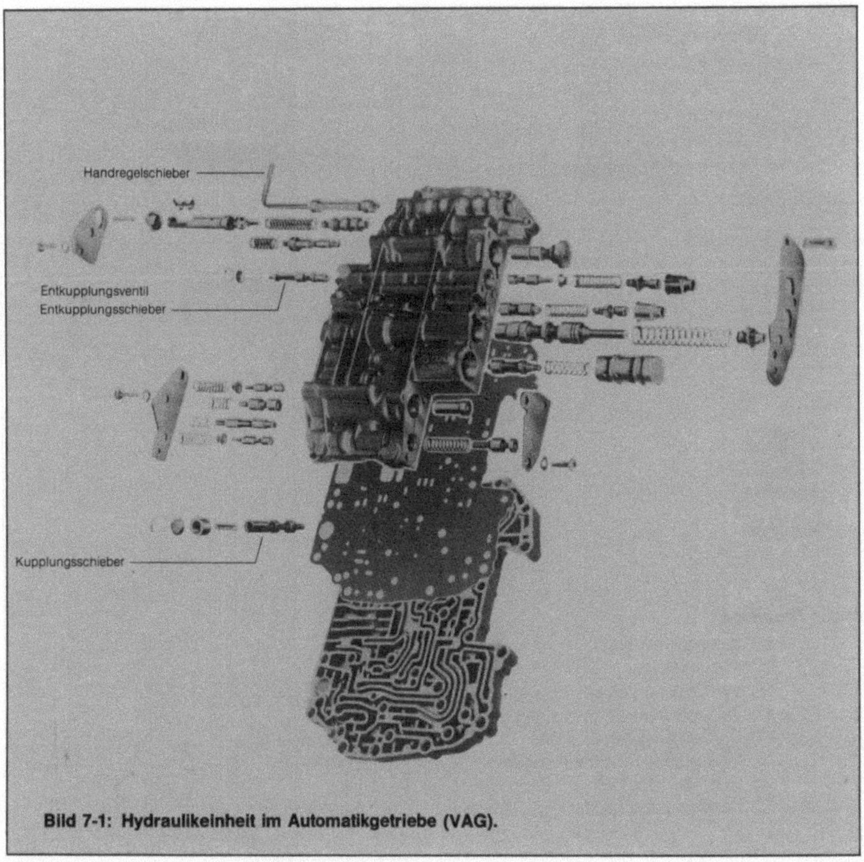

Die genannten Bauelemente bilden die hydraulische Steuerung und sind im unteren Teil des Getriebes als Hydraulikeinheit untergebracht. Der gesamte Block befindet sich im Öl, und die verschiedenen Ölkanäle stellen die Verbindung zwischen den Bauelementen her (Bild 7-1).

Eine Ölpumpe sorgt für die Füllung des Drehmomentwandlers, die Schmierung des Getriebes und die notwendigen Schaltdrücke. In einigen Getrieben finden wir eine Primär- und eine Sekundärölpumpe, und die Funktionen Füllen, Schmieren und Druckregelung werden ganz oder teilweise getrennt.

Je nach Fahrgeschwindigkeit regelt der Fliehkraftregler (11) im Zusammenwirken mit den Schaltkolben 9 und 10 die Zuführung des Arbeitsdrucks zu den Kupplungszylindern über die Kupplungsdruckkolben 17 und bestimmt dadurch (je nach Stellung des Gaspedals) den Schaltzeitpunkt. In der Anlage herrschen unterschiedliche Drücke, die durch die verschiedenen Druckregler vom (Haupt-)Arbeitsdruck abgeleitet werden.

Wir unterscheiden:
– Hauptarbeitsdruck,
– Druck Drehmomentwandler,
– Kickdown-Druck,
– Fliehkraftdruck,
– Verriegelungsdruck,
– Modulationsdruck.

Bevor wir die verschiedenen hydraulischen Teile etwas näher betrachten, wollen wir uns zunächst damit beschäftigen, auf welche Weise hydraulische Drücke geregelt werden können.

Bild 7-1: Hydraulikeinheit im Automatikgetriebe (VAG).

Hydrauliksteuerung

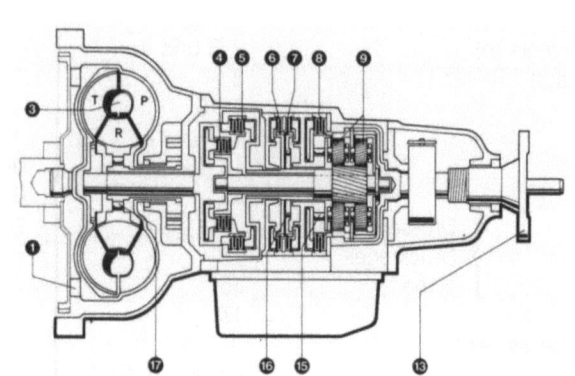

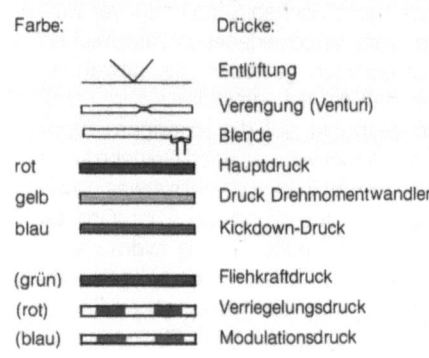

- ④ Kupplungszylinder Zahnradgruppe Vorwärts
- ⑤ Kupplungszylinder 3. Gang/Rückwärtsgang
- ⑥ „Motorbremse" im 2. Gang
- ⑦ Kupplung Freilauf 2. Gang
- ⑧ Blockierungskupplung „A" oder „1"

Erklärung:
Rücklauf Getriebegehäuse
Kalibrierung
Kugelventil

Farbe:	Drücke:
	Entlüftung
	Verengung (Venturi)
	Blende
rot	Hauptdruck
gelb	Druck Drehmomentwandler
blau	Kickdown-Druck
(grün)	Fliehkraftdruck
(rot)	Verriegelungsdruck
(blau)	Modulationsdruck

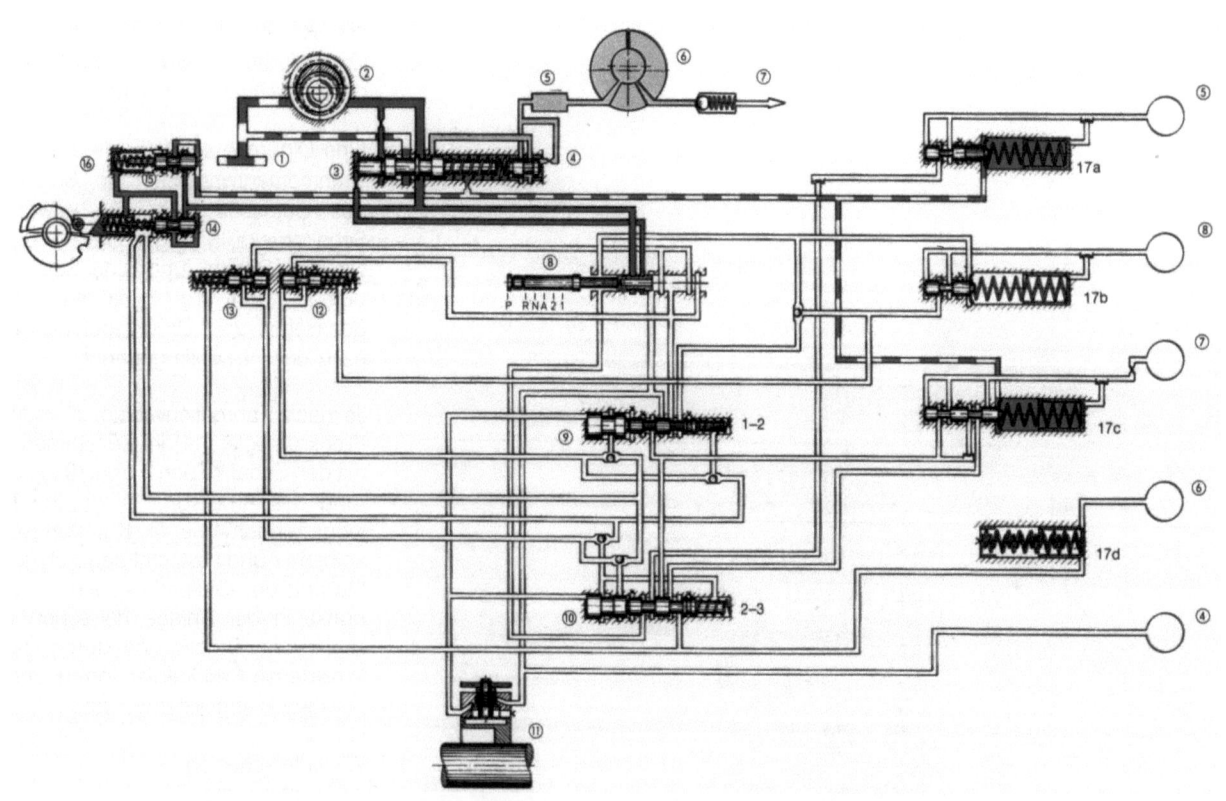

Bild 7-2: ZF 3 HP 22 – Übersicht über die hydraulische Steuerung.

1) Filter
2) Speisepumpe
3) Druckregler Getriebesteuerung
4) Druckregler Drehmomentwandler und Schmierung
5) Ölkühler
6) Drehmomentwandler
7) Schmierung Getriebe
8) Wählkolben verbunden mit Wählhebel
9) Schaltkolben 1–2
10) Schaltkolben 2–3
11) Fliehkraftregler
12) Verriegelungskolben 1. Gang
13) Verriegelungskolben 2. Gang
14) Druckregelkolben Motorlast
15) Modulations-Druckregelkolben
16) Exzenter verbunden mit Gaspedal
17) Kupplungsdruckkolben mit Dämpfern

} Drösselklappen-Druckregel-einheit

7.2 Regelung von hydraulischen Drücken

Für die ordnungsgemäße Funktion des hydraulischen Steuerungsteils sind verschiedene, von der Speisepumpe abgeleitete Hydraulikdrücke erforderlich.

In ihrer praktischen Ausführung können sich diese Druckregelungen etwas unterscheiden, laufen aber im Prinzip auf dasselbe hinaus. Wir betrachten hierfür den Druckregelkolben in Bild 7-3a und b. Die Flüssigkeit, deren Druck zu regeln ist, tritt durch Öffnung I ein, während die Flüssigkeit mit geregeltem Druck durch Öffnung U nach außen strömt. Eine Federkraft F_{Feder} bewirkt anfänglich, daß die Öffnungen I und U geöffnet sind, wodurch die Flüssigkeit zunächst über den Kanal U zum Verbraucher strömen kann (Bild 7-3a).

Dabei strömt jedoch Flüssigkeit in den Raum C unter den Kolben, und es baut sich ein Druck auf, der eine Kraft F_{Fl} ($p_{Flüssigkeit} \times A_{Kolben}$) verursacht, die entgegengesetzt zur Federkraft F_{Feder} wirkt. Von einem bestimmten Moment an wird die Öffnung I durch den zunehmenden Flüssigkeitsdruck verschlossen, und der Druck kann nicht weiter ansteigen.

Fällt der Druck an U, z. B. durch Verbrauch, wird die Öffnung I wieder freigegeben, worauf sich der Vorgang wiederholen kann.

Sollte im Ausgangskreis kein Öl verbraucht werden, könnte infolge von Lekkagen der Druck im Kreis U zu stark ansteigen. In diesem Fall stiege der Kolben noch höher, die Rücklauföffnung R würde freigegeben, und der Druck könnte wieder abfallen (Bild b).

Berechnungsbeispiel:
Wir wollen eine Druckregelung von 3 bar erreichen. Bei einem Kolbendurchmesser (d) von 5 mm und nach $F = p \times A$ muß die Federspannung betragen:
$F = 300\,000 \text{ N/m}^2 \times {}^{1}/_{4} \pi \, 0{,}005 \text{ m}^2 = 5{,}9 \text{ N}$.

Wenn wir eine Feder einsetzen, die unter einer festen konstanten Vorspannung steht, dann nimmt der Flüssigkeitsdruck einen festen, von der Feder bestimmten Wert an. Änderungen des geregelten Drucks sind u. a. dadurch möglich, daß man die Flüssigkeit unter Druck, z. B. von einem anderen Druckregelorgan aus, in den Federraum fließen läßt, so daß sie zusammen mit der Federkraft F_{Feder} wirkt.

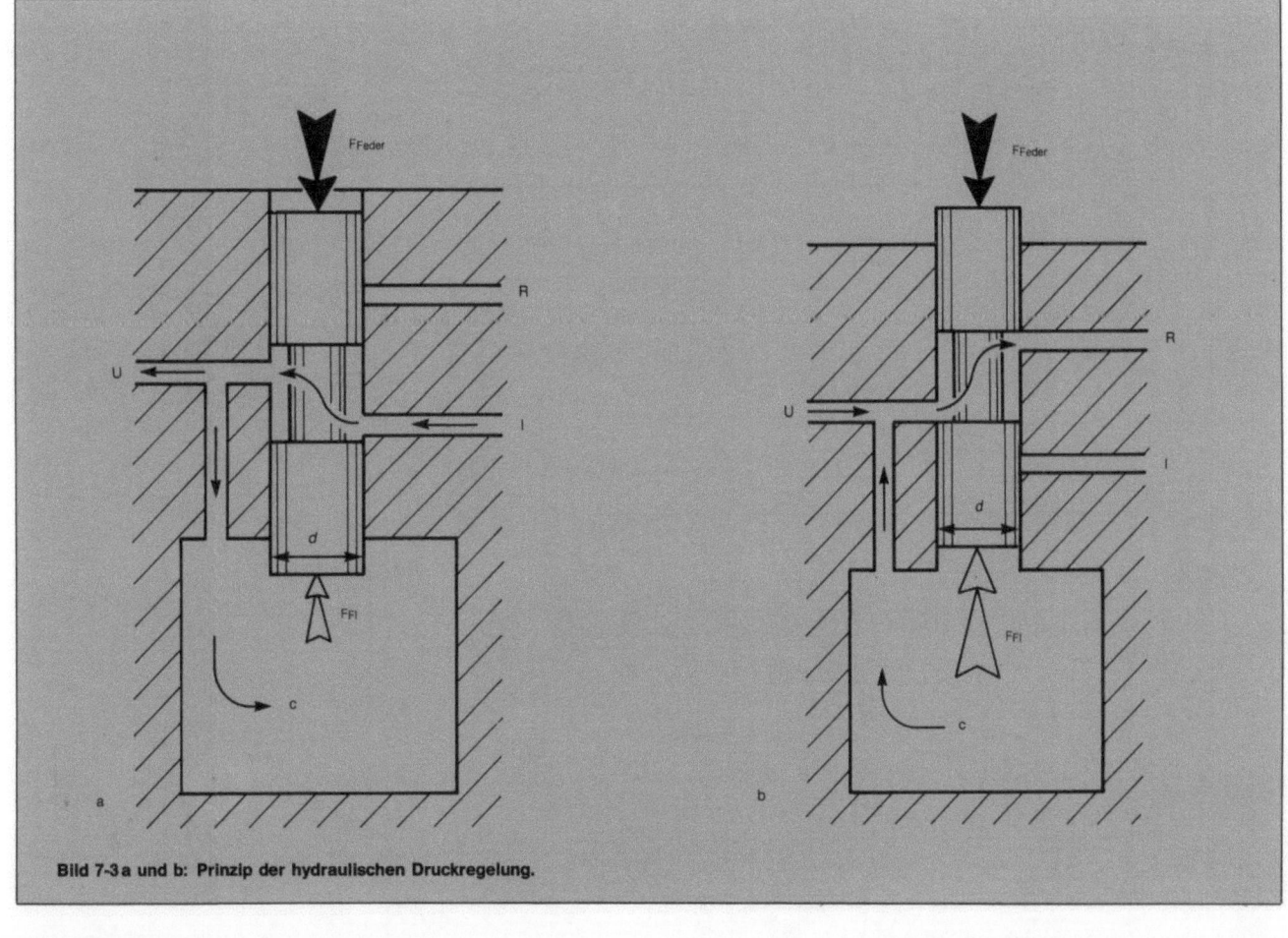

Bild 7-3 a und b: Prinzip der hydraulischen Druckregelung.

7.3 Öldruckkreislauf

Vom Öldruckkreislauf wird die Versorgung mit Hydrauliköl mit dem richtigen Druck gewährleistet. Dabei gibt es Systeme, die mit einer einzelnen, motorgetriebenen Speisepumpe arbeiten, aber auch Ausführungen mit zwei Speisepumpen. In diesem Fall arbeitet die zweite oder Sekundärpumpe als zusätzliche, von der Abtriebswelle des Getriebes angetriebene Pumpe. Für die Druckregelung beider Pumpen sorgt ein Druckregler, der den geforderten Druck nach Bedarf einstellt.

Alle Ausführungen erfüllen die folgenden Aufgaben:
- Versorgung des Drehmomentwandlers mit Hydrauliköl,
- Ölzirkulation zur Wärmeabfuhr,
- Ölzirkulation zur Schmierung der Getriebeteile,
- Druckzuführung von Öl zum Hydraulikblock, um das automatische Schalten zu ermöglichen.

Bei Ausführungen mit Sekundärpumpe besteht deren wichtigste Aufgabe darin, das Abschleppen des Fahrzeugs zu ermöglichen.

Oberhalb einer bestimmten Geschwindigkeit übernimmt die Sekundärpumpe die Funktion der Primärpumpe.

7.3.1 Kreislauf mit Primär- und Sekundärpumpe

Den mit zwei Pumpen ausgeführten Öldruckkreislauf wollen wir etwas näher betrachten. Diesen finden wir z. B. in den Automatikgetrieben von Mercedes Benz (Typ W3D 080/R). Einen Teil des Hydraulikkreislaufs veranschaulicht Bild 7-4.

Die Primärpumpe (P_{PR}) ist eine Zahnradpumpe, die über einen Flansch am Drehmomentwandler angetrieben wird und im Drehmomentwandlergehäuse des Getriebes untergebracht ist. Das von der Primärpumpe geförderte Öl strömt über das Rückschlagventil 4 direkt zum Druckregelkolben 6. Die Sekundärpumpe (P_{SE}), im Aufbau identisch mit der Primärpumpe, ist im hinteren Getriebedeckel eingebaut. Das von der Sekundärpumpe geförderte Öl strömt über das Rückschlagventil 5 zum Sekundärdruckregelkolben 2, der sich bei einem Flüssigkeitsdruck von 6 bar öffnet und das Öl in den Druckregler 6 einströmen läßt. Wenn dies der Fall ist, schließt das Rückschlagventil 4, weil der Druck der Sekundärpumpe den der Primärpumpe übersteigt. Von diesem Zeitpunkt an übernimmt die Sekundärpumpe die Ölversorgung von der Primärpumpe. Vom Druckregler 6 werden danach verschiedene Drücke bereitgestellt.

Er liefert den Hauptarbeitsdruck (Ansteuerungsdruck für die Kupplungen) sowie den Flüssigkeitsdruck für den Drehmomentwandler. Vom Arbeitsdruck wird ein dritter Druck, der sogenannte Modulationsdruck abgeleitet. Er bestimmt u. a. den Anpreßdruck der Kupplungszylinder. Außerdem verläuft vom Druckregler ein Kanal zum Ölkühler der Hydraulikanlage.

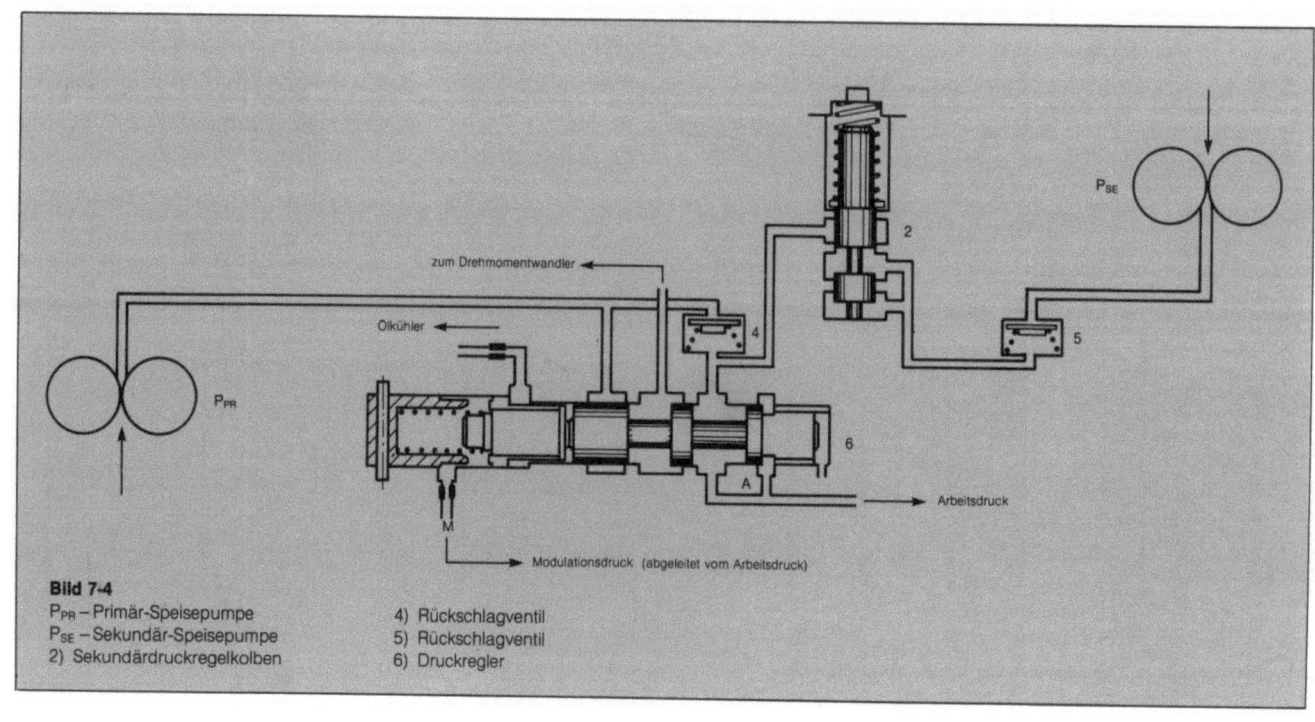

Bild 7-4
P_{PR} – Primär-Speisepumpe
P_{SE} – Sekundär-Speisepumpe
2) Sekundärdruckregelkolben
4) Rückschlagventil
5) Rückschlagventil
6) Druckregler

Hydrauliksteuerung

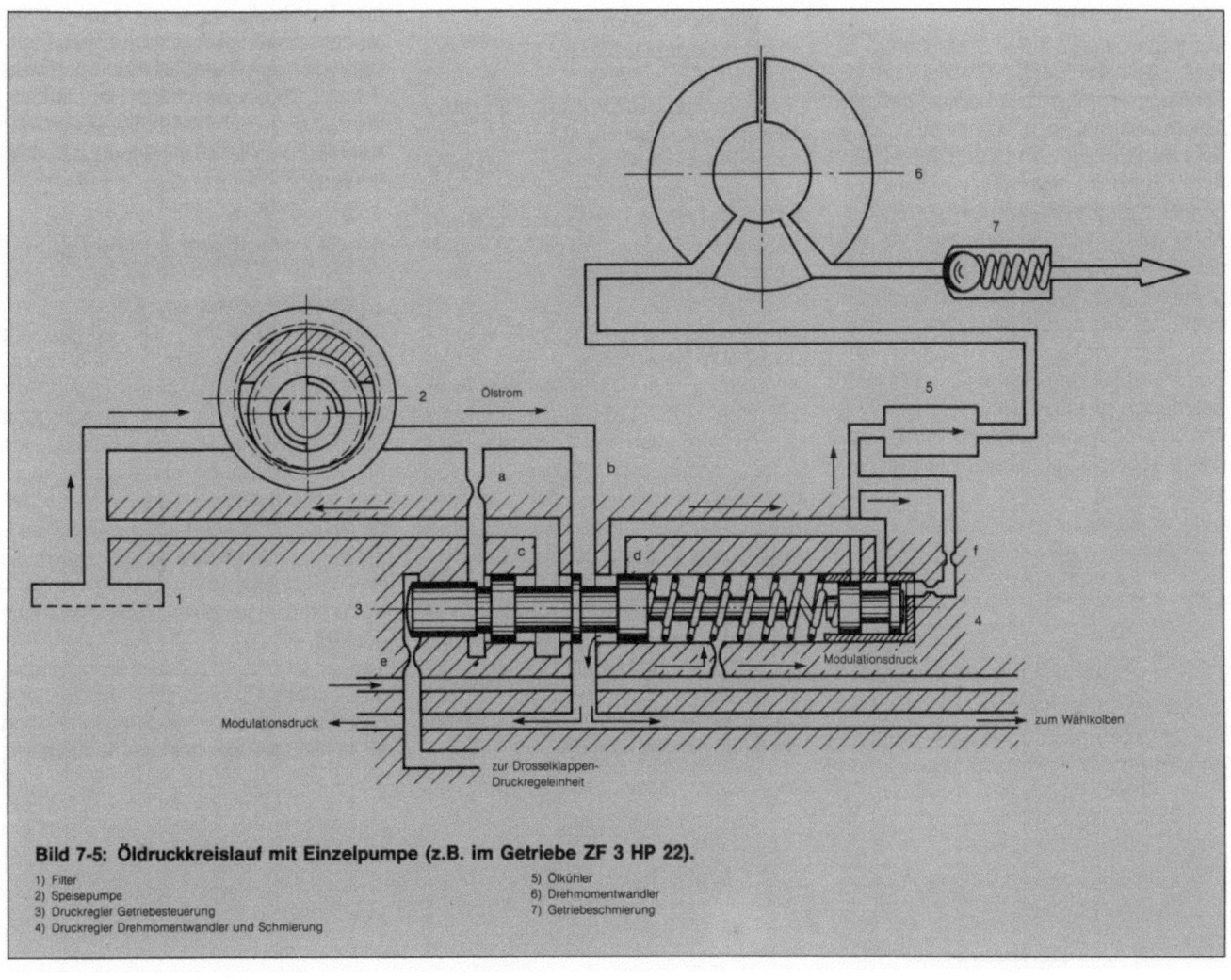

Bild 7-5: Öldruckkreislauf mit Einzelpumpe (z.B. im Getriebe ZF 3 HP 22).
1) Filter
2) Speisepumpe
3) Druckregler Getriebesteuerung
4) Druckregler Drehmomentwandler und Schmierung
5) Ölkühler
6) Drehmomentwandler
7) Getriebeschmierung

7.3.2 Kreislauf mit Einzelpumpe

Die Hydraulik des Automatikgetriebes ZF 3 HP 22 (siehe Übersichtszeichnung Bild 7-1) enthält nur eine einzelne Pumpe, die in Bild 7-5 mit der Ziffer 2 bezeichnet ist. Bei dieser motorgetriebenen Pumpe handelt es sich um eine im Getriebe eingebaute Zahnradpumpe mit halbmondförmigem Hilfsstück. Der Druckregler besteht aus zwei Teilen. Der rechte Teil (4) enthält den Wandler-Druckregelkolben und leitet den Ölstrom zum Drehmomentwandler (6); über das Kugelventil (7) wird das Getriebe geschmiert. Der linke Teil (3) stellt den Flüssigkeitsdruck für das Steuerungsorgan zur Verfügung (Hauptarbeitsdruck). Aus der Pumpe strömt das Öl über die Kanäle (a) und (b) in den linken Teil des Druckreglers. Dadurch bewegt sich der Kolben entgegen der Federspannung nach rechts und gibt den Kanal (d) frei, wodurch das Öl in den rechten Teil des Druckreglers (4) strömen kann. Die Regelung des Arbeitsdrucks erfolgt danach durch Öffnen und Schließen von Kanal (c). Der Druck zum Drehmomentwandler wird über die Leitung (f) geregelt.

Neben der Federspannung hängen die geregelten Drücke damit auch noch vom Modulationsdruck ab (Druck in Abhängigkeit von der Stellung des Gaspedals). Folglich ist der Druck im Hauptregelkreis und im Momentwandlerkreis ebenfalls von der Motorlast abhängig. Außerdem erkennen wir, daß am Punkt (e) Öldruck „zugeführt" werden kann. Das geschieht mit Hilfe des Wählhebels, wodurch der geregelte Druck in der Stellung N (Neutral) verringert werden kann.

7.4 Wählkolben (8)

Der Wählkolben mit den Stellungen P, R, N, D, 2, 1 ist mit dem Wählhebel im Fahrzeug verbunden. Er bewirkt, daß der Arbeitsdruck je nach Wählhebelstellung über die Schaltkolben (9 und 10) zu den Kupplungsdruckreglern (17) der verschiedenen Gänge geführt wird, damit in Abhängigkeit von der Schaltstellung die richtige Auswahl und Blockierung vorgenommen wird (Bilder 7-1 und 76). Auch die Flüssigkeit zum Fliehkraftregler passiert den Wählkolben, während der Durchfluß zu den Verriegelungskolben erforderlich ist, um in der Schaltstellung 1 und 2 das Hochschalten zu verhindern. (Siehe auch die Schaltbeispiele für den 1. und 2. Gang.)

7.5 Drosselklappen-Druckregeleinheit (14, 15 und 16)

Die Drosselklappen-Druckregeleinheit besteht aus drei Teilen:
– Kickdown-Exzenterscheibe, verbunden mit dem Gaspedal (16),
– Druckkolben für die Motorlast (14) sowie
– Modulationskolben (15).

Den Teilen 14 und 16 dieser hydraulischen Einheit fällt die Aufgabe zu, den Schaltzeitpunkt nicht ausschließlich dem Fliehkraftregler (der Fahrzeuggeschwindigkeit), sondern auch dem Lastzustand des Motors anzupassen. Schließlich wird auch bei handgeschalteten Getrieben später hochgeschaltet, wenn stärker beschleunigt werden soll. Auch das Prinzip des „Kickdown" (das automatische Zurückschalten beim Durchtreten des Gaspedals über seinen Vollgaspunkt hinaus) wird bei Handschaltgetrieben angewendet, wenn z. B. vor dem Überholen erst zurückgeschaltet wird, um dann schneller beschleunigen zu können.

Aufgabe des Modulationskolbens (15) ist die Bereitstellung eines sogenannten Modulationsdruckes (Druck in Abhängigkeit von der Gaspedalstellung). Dieser Druck wird genutzt, um den Hauptarbeitsdruck, den Schmierdruck sowie den Anpreßdruck der Kupplungen zu beeinflussen.

Arbeitsweise (Bilder 7-1 und 7-7)

Zustand 1: Leerlauf und Teillast
Der Arbeitsdruck vom Druckregler wird am Punkt (i) zugeführt, wodurch sowohl Teil 14 als auch 15 beaufschlagt wird. Vom Druckkolben 14 wird dann ein geregelter Druck bereitgestellt, dessen Größe von der Federspannung abhängt, die ihrerseits durch die Stellung der Exzenterscheibe beeinflußt werden kann. Beim Durchtreten des Gaspedals verdreht sich die Exzenterscheibe und spannt die Feder l, wodurch der geregelte Druck im Kanal h ansteigt.
Kanal h ist u. a. so mit dem Modulationsdruckkolben 15 verbunden, daß der geregelte Druck an der linken Seite von Kolben (j) ansteht. An der rechten Kolbenseite,

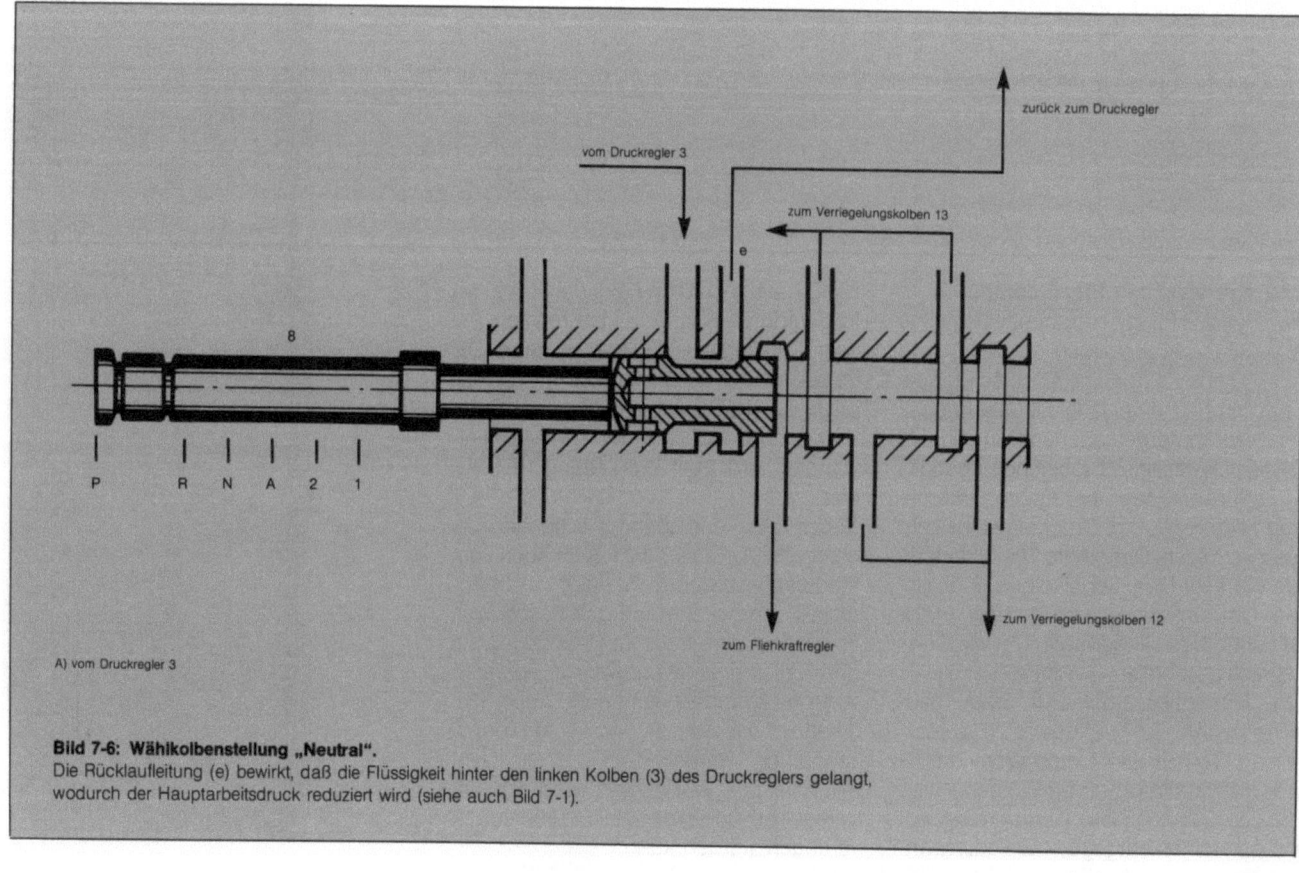

Bild 7-6: Wählkolbenstellung „Neutral".
Die Rücklaufleitung (e) bewirkt, daß die Flüssigkeit hinter den linken Kolben (3) des Druckreglers gelangt, wodurch der Hauptarbeitsdruck reduziert wird (siehe auch Bild 7-1).

Kanal (k), steht dann der Modulationsdruck zur Verfügung, der auch von der Stellung der Drosselklappe abhängig ist.

Aber noch mehr ist geschehen: Beim Durchtreten des Gaspedals wurde auch der Drosselklappenkolben (g) nach rechts verschoben und hat damit Kanal (m) freigegeben. Dadurch gelangt der (geregelte) Druck auch zu den Schaltkolben 9 und 10, was den Schaltzeitpunkt beeinflußt. Der bereits erwähnte Modulationsdruck wird über Kanal (k) zum Druckregler 4 und den Kupplungsdruckkolben 17a und 17c zurückgeführt. Damit wird erreicht, daß nicht nur der Schmierdruck von der Motorlast abhängt, sondern auch der Anpreßdruck der Kupplungen. Durch Anpassen des Anpreßdrucks der Kupplungen an den Lastzustand des Motors wird erreicht, daß die Flüssigkeitsdrücke relativ niedrig bleiben können, ohne daß es zum Kupplungsschlupf kommt.

Zustand 2: Kickdown-Effekt
Beim vollständigen Durchtreten des Gaspedals wird die Feder durch die Nocke der Exzenterscheibe maximal gespannt. Damit erreicht der geregelte Druck im Kanal (h) seinen Höchstwert und verschiebt den Drosselklappenkolben (g) weiter nach rechts, wodurch Kanal (n) freigegeben wird. Über diesen Kanal steht der hohe geregelte Druck jetzt auch an den Druckschaltkolben 9 und 10 an. Dies ermöglicht das Zurückschalten nach dem Kickdown-Prinzip.

7.6 Schaltkolben
(9 und 10, Bilder 7-1 und 7-8)

Mit den Schaltkolben 9 und 10 wird das Getriebe unter Einwirkung des geregelten Drucks vom Fliehkraftregler geschaltet, wobei die Stellung des Gaspedals berücksichtigt wird. Bei Erreichen der vorgegebenen Geschwindigkeit ist der vom Fliehkraftregler (11) bereitgestellte Druck so groß, daß sich der Kolben nach rechts verschiebt, wodurch die Kupplungszylinder mit dem Arbeitsdruck beaufschlagt werden.

Wir betrachten den Schaltkolben 9, der für das Schalten vom 1. in den 2. Gang zuständig ist. Der Arbeitsdruck vom Druckregler (3) und Wählkolben (8) wird über (p) zugeführt, während der Druck

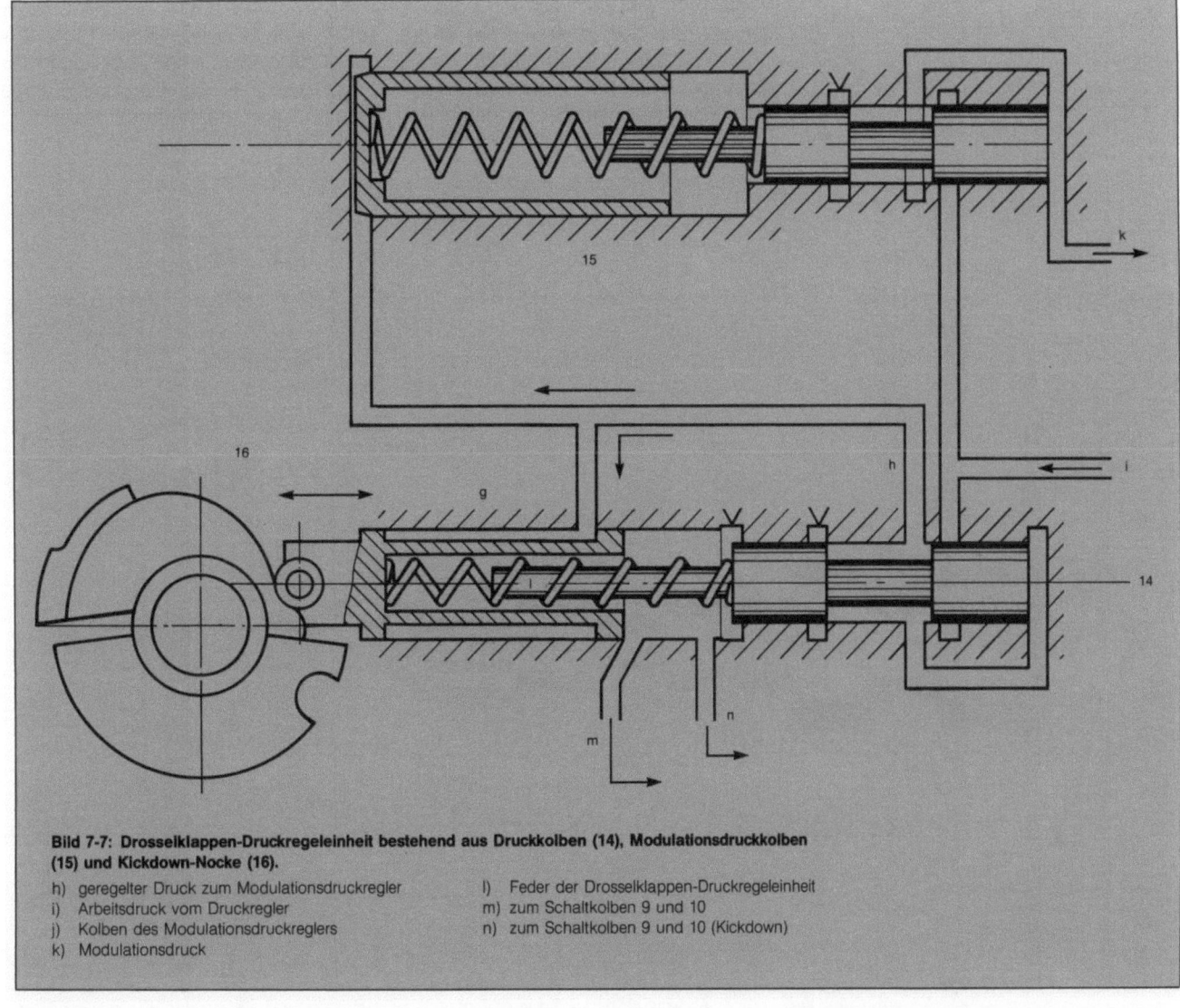

Bild 7-7: Drosselklappen-Druckregeleinheit bestehend aus Druckkolben (14), Modulationsdruckkolben (15) und Kickdown-Nocke (16).
h) geregelter Druck zum Modulationsdruckregler
i) Arbeitsdruck vom Druckregler
j) Kolben des Modulationsdruckreglers
k) Modulationsdruck
l) Feder der Drosselklappen-Druckregeleinheit
m) zum Schaltkolben 9 und 10
n) zum Schaltkolben 9 und 10 (Kickdown)

vom Fliehkraftregler über (o) eintritt. Der Zeitpunkt der Rechtsverschiebung des Kolbens ist von der Spannung der Feder (r) und vom Druck abhängig, der über den Drosselklappenkolben (14) über (s) zugeführt wird. Bei höherer Motorlast wird somit später hochgeschaltet. Vom 1. Gang wird in den 2. Gang geschaltet, wenn durch Verschieben des Kolbens Kanal (p) mit (q) verbunden ist und die Flüssigkeit auf diese Weise unter Druck zum Kupplungszylinder strömen kann.

Bei höheren Geschwindigkeiten bewegt sich Schaltkolben 10 auf die gleiche Weise nach rechts, wodurch der 3. Gang gewählt wird.

7.7 Fliehkraftregler (11)

Der Fliehkraftregler baut einen Flüssigkeitsdruck auf, der von der Fahrzeuggeschwindigkeit abhängig ist. Daher ist der Regler auf der Abtriebswelle des Getriebes montiert. Der von der Geschwindigkeit abhängige Druck wird zu den verschiedenen Schaltkolben geführt, und das Getriebe schaltet bei der programmierten Geschwindigkeit.

Es gibt unterschiedliche Ausführungen von Fliehkraftreglern. Mit Hilfe der Fliehkraft erhält man den geschwindigkeitsabhängigen Druck, der auf den Druckregelkolben wirkt. Damit können wir feststellen, daß die Fliehkraft die Aufgabe der Druckregelfeder übernommen hat.

Im folgenden betrachten wir den Fliehkraftregler des ZF-Getriebes (Übersicht Bild 7-1, Detaildarstellung Bild 7-9).

Wenn das Fahrzeug stillsteht, aber der Fliehkraftregler gespeist wird, weil der Wählkolben (8) in einer der Vorwärtsstellungen steht, wird der Druck vom Kolben 1 geregelt (Bild 7-9). In diesem Fall ist der Druck von der Vorspannung der Feder abhängig. Vom Kolben 2 wird jedoch kaum Flüssigkeit unter Druck durchgelassen, weil er keine Feder besitzt und nach dem Durchlassen einer kleinen Flüssigkeitsmenge fast augenblicklich wieder zugedrückt wird (Bild 7-9a). Wird das Fahrzeug in Bewegung versetzt, beginnen die Kolben 1 und 2 durch die Antriebswelle B zu rotieren und werden infolge der Fliehkraft nach außen gedrückt. Daher ist ein hoher Flüssigkeitsdruck erforderlich, um die Kolben wieder zurück zu drücken. Der geregelte Druck verläßt den Fliehkraftregler dann über „U". Bei niedrigen Drehzahlen wird der Druck sowohl von Kolben 1 als auch von Kolben 2 geregelt (Bild 7-9b). Bei höheren Drehzahlen bleibt Kolben 2 außer Betrieb, weil inzwischen die Fliehkraft im Verhältnis zur Oberflächendifferenz so groß geworden ist, daß der Kolben vollständig in seiner äußersten Stellung verbleibt (Bild 7-9c).

Eine solche Zweistufenreglung, bestehend aus primären und sekundären Fliehgewichten oder -kolben, ist üblich, weil sich hiermit in den unteren Geschwindigkeitsbereichen eine größere Differenz im Regeldruck erzielen läßt. In Bild 7-10 ist der Druckverlauf eines Zweistufen-Fliehkraftreglers als Funktion der Fahrgeschwindigkeit graphisch dargestellt.

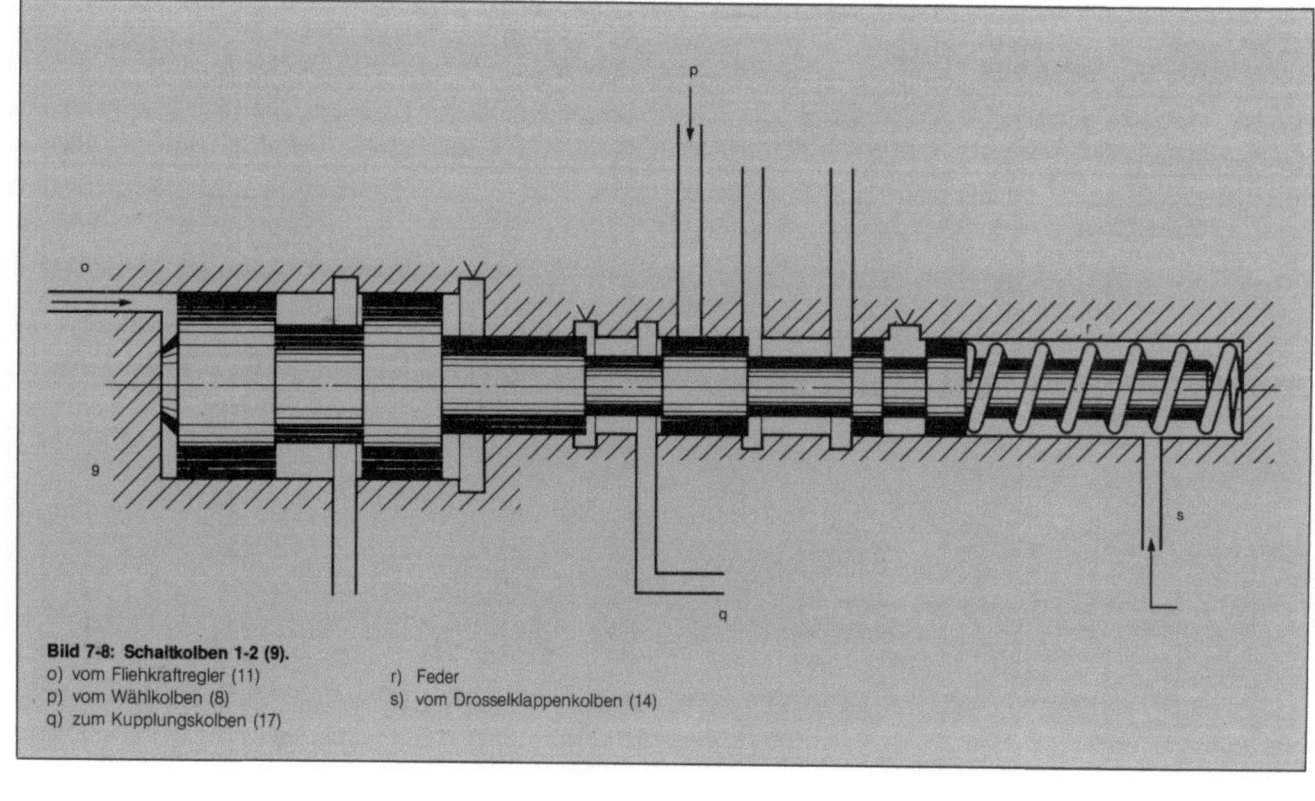

Bild 7-8: Schaltkolben 1-2 (9).
o) vom Fliehkraftregler (11)
p) vom Wählkolben (8)
q) zum Kupplungskolben (17)
r) Feder
s) vom Drosselklappenkolben (14)

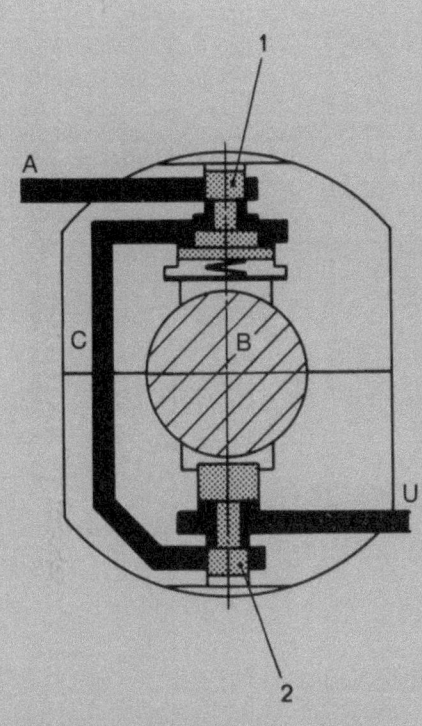

Bild 7-9a: Wählhebel in Stellung Vorwärts.
Der Arbeitsdruck erreicht den Fliehkraftregler über Kanal A. Der Flüssigkeitsdruck schließt den Druckregler 2. Im Kanal C herrscht ein vom Druckregler 1 geregelter Druck.

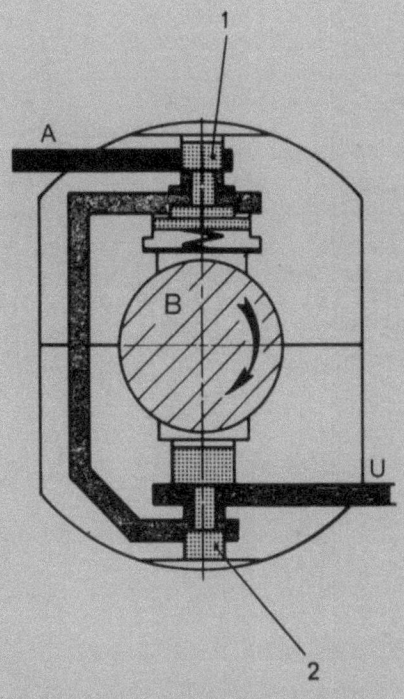

Bild 7-9c: Fahrzeuggeschwindigkeit nimmt zu.
Infolge der steigenden Geschwindigkeit ist die Fliehkraft so groß geworden, daß nur noch Druckregler 1 wirkt. Druckregler 2 bleibt offen.

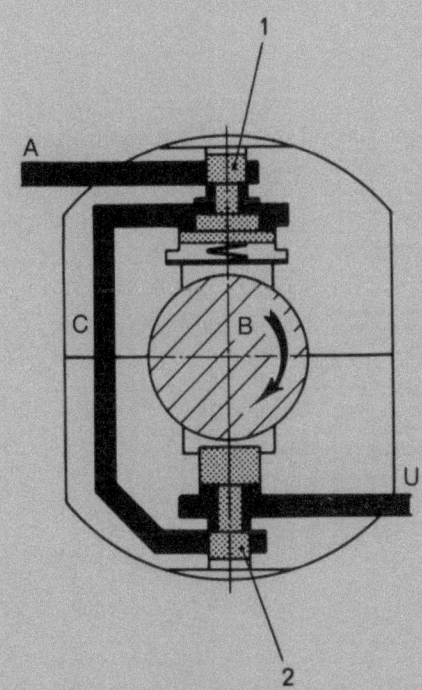

Bild 7-9b: Fahrzeug in Bewegung, Welle (B) des Fliehkraftreglers rotiert.
Die Fliehkraft bestimmt den Regeldruck an U in Abhängigkeit von der Fahrgeschwindigkeit. Druckregler 1 und Druckregler 2 sind in Betrieb.

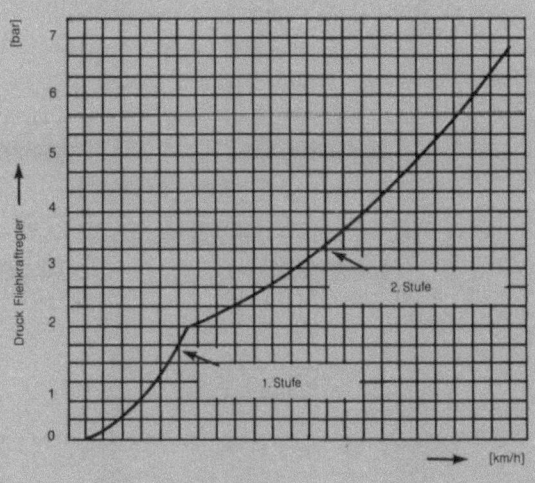

Bild 7-10: Typische Kurve der Zweistufen-Druckregelung eines Fliehkraftreglers.

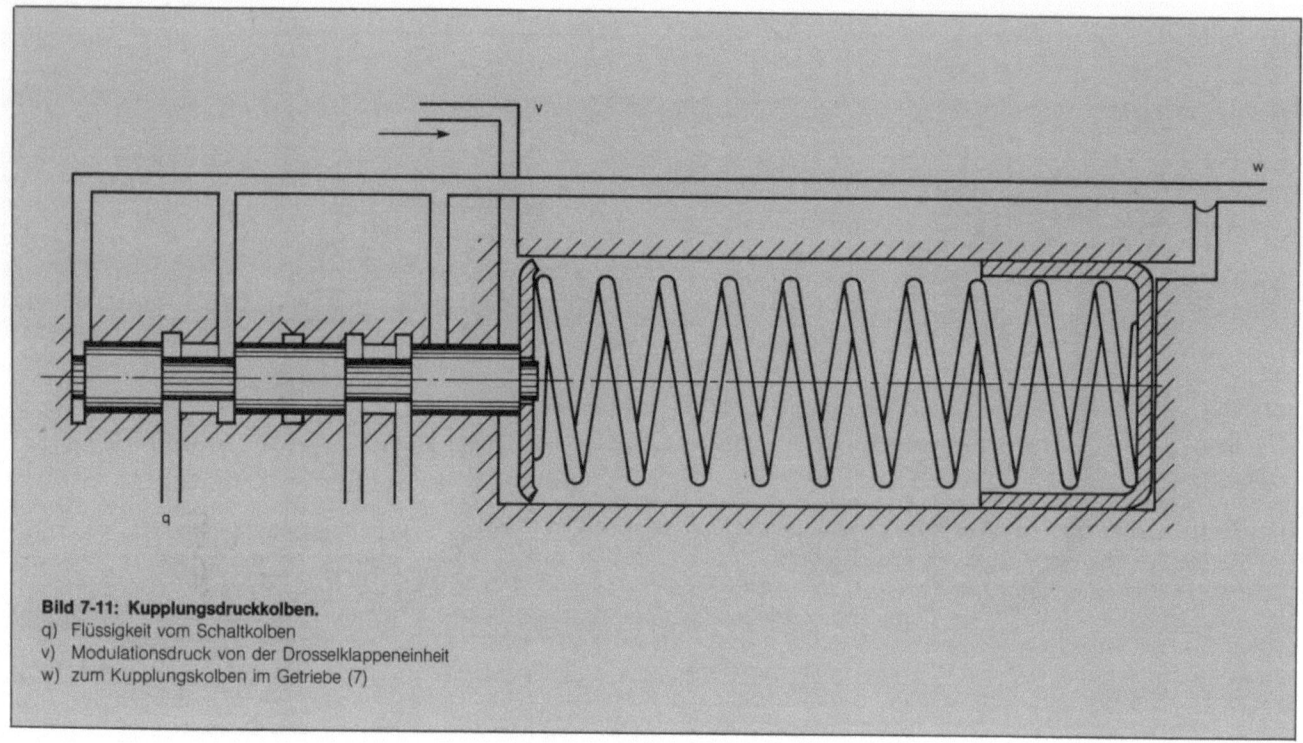

Bild 7-11: Kupplungsdruckkolben.
q) Flüssigkeit vom Schaltkolben
v) Modulationsdruck von der Drosselklappeneinheit
w) zum Kupplungskolben im Getriebe (7)

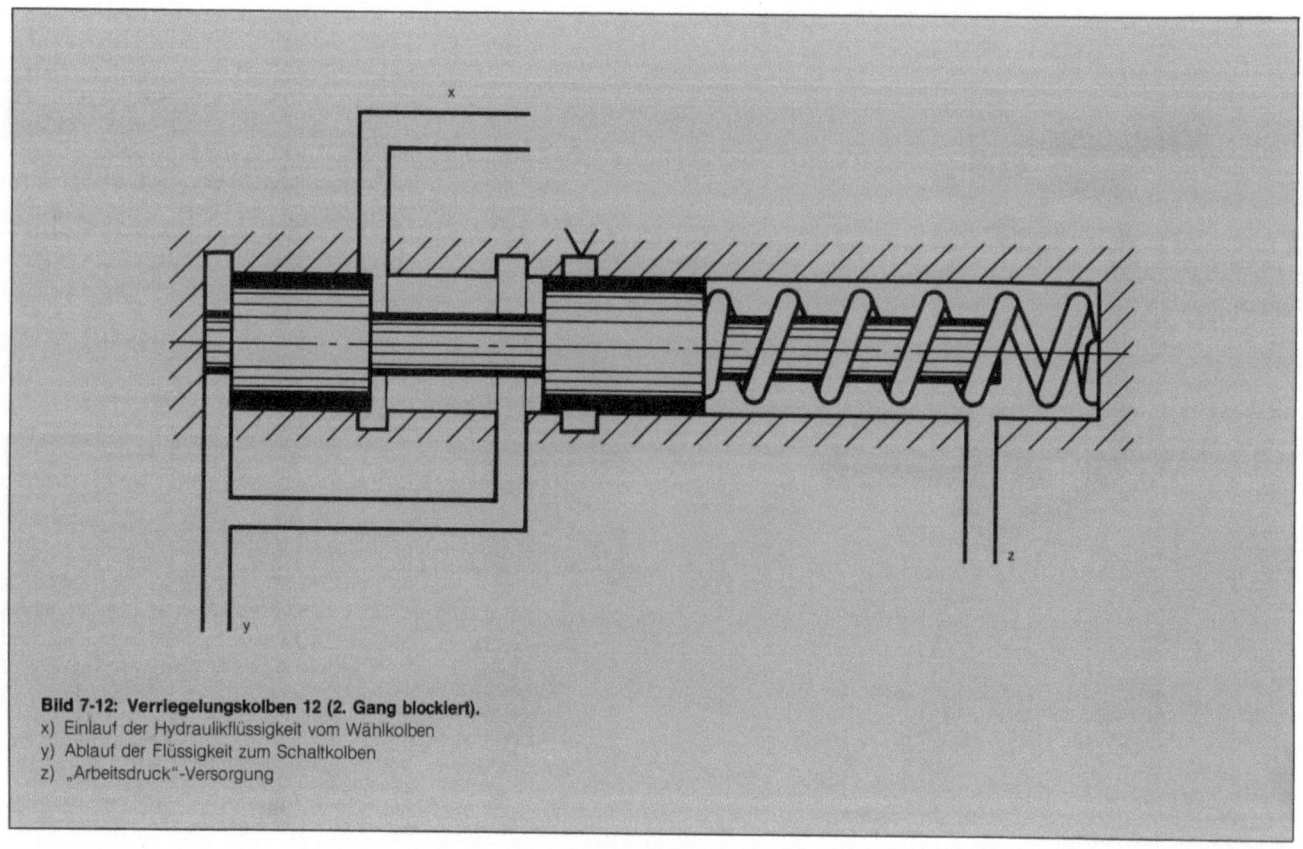

Bild 7-12: Verriegelungskolben 12 (2. Gang blockiert).
x) Einlauf der Hydraulikflüssigkeit vom Wählkolben
y) Ablauf der Flüssigkeit zum Schaltkolben
z) „Arbeitsdruck"-Versorgung

7.8 Kupplungsdruckkolben (17)

Die Kupplungsdruckkolben (Druckspeicher) gewährleisten die Regelung des von den Schaltkolben (9 und 10) zugeführten Arbeitsdrucks auf solche Weise, daß sich der Druck auf die eigentlichen Kupplungen ⑤–⑧ gleichmäßig aufbaut und der Schaltübergang allmählich erfolgt. Außerdem wird dadurch der maximale Anpreßdruck nicht höher als unbedingt notwendig.
Wir betrachten den Kupplungsdruckkolben 17c (Bild 7-1 und 7-11), bei dem die Kupplung ⑦ den Freilauf des 2. Gangs blockiert. Der vom Schaltkolben bereitgestellte Arbeitsdruck wird an (q) zugeführt und die Druckregelung erfolgt mittels einer Feder. Dabei gibt es aber eine Besonderheit: der Flüssigkeitsdruck kann auch hinter die Feder gelangen, so daß der Druck allmählich ansteigt. Der Modulationsdruck von der Drosselklappeneinheit (15) wird über Kanal (v) eingeleitet und unterstützt die Federspannung. Dadurch ist der Anpreß-Kupplungsdruck abhängig vom Motormoment.

7.9 Verriegelungskolben (12, 13)

Mit den Verriegelungskolben wird das Hochschalten des Getriebes verhindert, wenn der Wählkolben in Stellung 1 oder 2 steht. Der Verriegelungskolben (12) in Bild 7-1 und 7-12 verhindert das Hochschalten in den 2. Gang und gehört zur Wählstellung 1, während der Verriegelungskolben (13) das Hochschalten in den 3. Gang verhindert und in der Wählstellung 2 wirkt. Es ist aber auch möglich, z. B. die Schaltstellung 1 zu wählen, während das Fahrzeug noch im 2. oder 3. Gang fährt. In diesem Fall kann nicht mehr hochgeschaltet werden, sobald das Getriebe zurückgeschaltet hat.
Bild 7-12 zeigt den Verriegelungskolben 12 für den Fall, daß sich der Wählkolben in Stellung 1 befindet. Vom Wählkolben wird die Hydraulikflüssigkeit über Kanal (x) zugeführt. Infolge der Stellung des Wählkolbens herrscht der gesamte Flüssigkeitsdruck auch rechts vom Kolben. Dadurch verläßt die Flüssigkeit den Verriegelungskolben unter maximalem Verriegelungsdruck über Kanal (y) und gelangt über ein Kugelventil hinter den Schaltkolben (9). Damit ist der Fliehkraftdruck nicht mehr in der Lage, den Schaltkolben zu verschieben, und das Hochschalten in den 2. Gang wird verhindert (Bild 7-1).

7.10 Hydraulik im 2. und 3. Gang

Zum Abschluß wollen wir noch zwei Beispiele für die unterschiedlichen hydraulischen Betriebsbedingungen betrachten:

– Wählhebel in Stellung „Drive", 2. Gang eingelegt, Gaspedal weit durchgetreten.
– Wählhebel in Stellung „Drive", 3. Gang eingelegt, Gaspedal nicht durchgetreten (unbelastet).

Wählkolben in Stellung „D", 2. Gang, Vollgas (ohne Kickdown)
Für die Ansteuerung des 2. Gangs müssen die Kupplungen ④, ⑥ und ⑦ geschlossen sein (siehe Abschnitt 6.1.2). In Bild 7-13 ist die Arbeitsweise der Hydraulik veranschaulicht.
Der Arbeitsdruck des Druckreglers (rot) durchläuft den Wählkolben (8). Vom Fliehkraftregler wird ein geregelter Druck bereitgestellt, der so hoch ist, daß sich der Schaltkolben (9) nach rechts bewegt (grün), wodurch der Arbeitsdruck auf die Kupplungen (6) und (7) übertragen werden kann. (Die Vorwärts-Kupplung 4 wird direkt vom Wählkolben betätigt.) Weil das Gaspedal betätigt ist (Vollastzustand), steht Kanal (m) der Drosselklappen-Druckregeleinheit (*blauer* Kreis) unter Druck. Dieser Druck wird zur rechten Seite der Schaltkolben 9 und 10 weitergeleitet, und das Hochschalten erfolgt später.
Der Modulationsdruck (*blau* unterbrochener Kreis) gewährleistet, daß der Kupplungsanpreßdruck abhängig ist vom Motorlastzustand.

Wählkolben in Stellung „D", 3. Gang, Motor unbelastet
Im 3. Gang müssen die Kupplungen ④, ⑤ und ⑦ geschlossen sein (s. 6.1.2).
Die Arbeitsweise der Hydraulik wird in Bild 7-14 gezeigt.
Der Arbeitsdruckverlauf (*roter* Kreis) entspricht größtenteils der vorhergehenden Beschreibung. Wegen der höheren Fahrzeuggeschwindigkeit ist jedoch der Regeldruck vom Fliehkraftregler angestiegen, wodurch jetzt auch der Schaltkolben (10) nach rechts verschoben ist. Damit wird Kupplung ⑥ drucklos, und Kupplung ⑦ bleibt geschlossen.

32 Hydrauliksteuerung

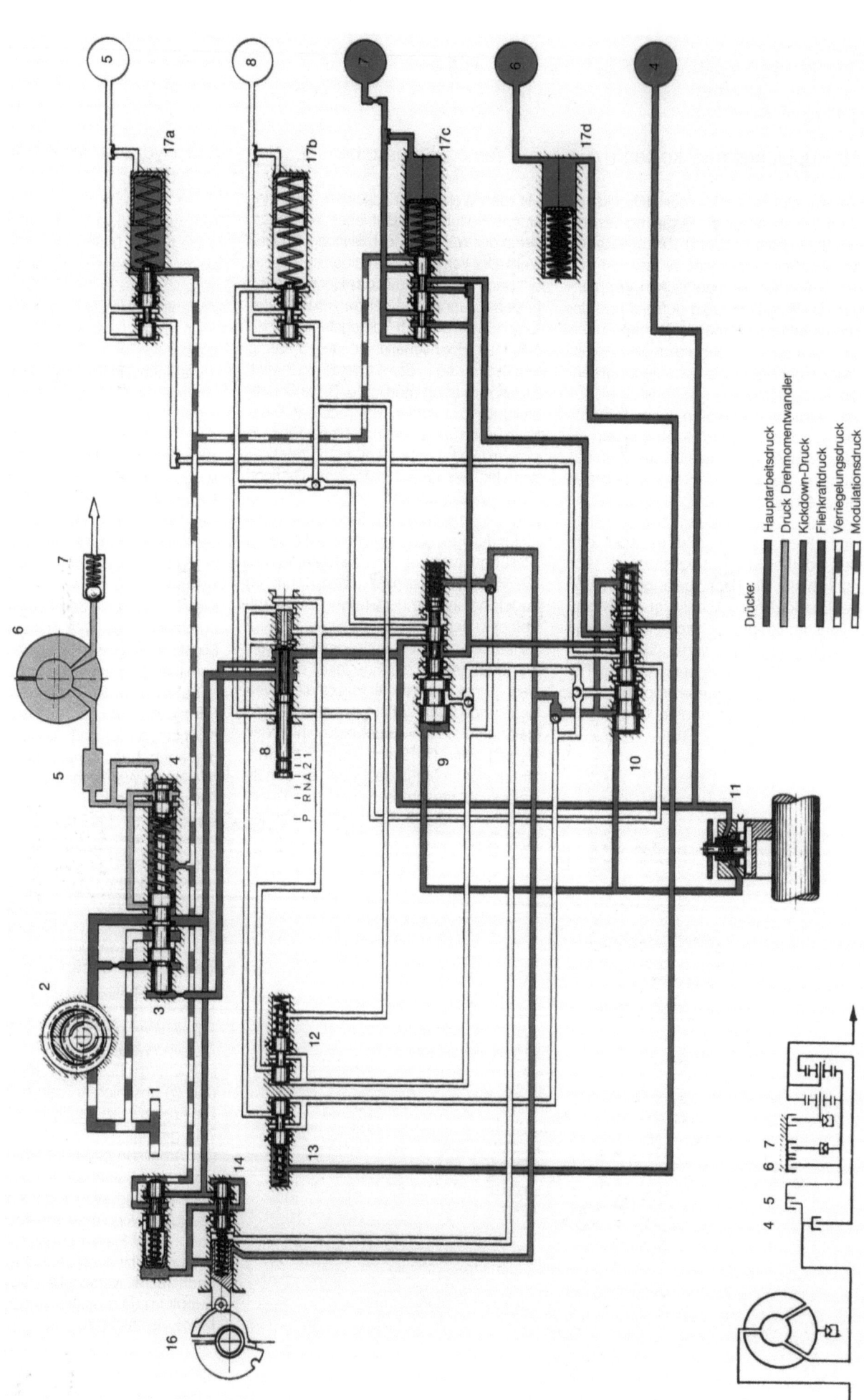

Bild 7-13: Arbeitsweise der Hydraulik im 2. Gang.
Wählkolben in Stellung „D" (Drive), 2. Gang, Vollast

Hydrauliksteuerung

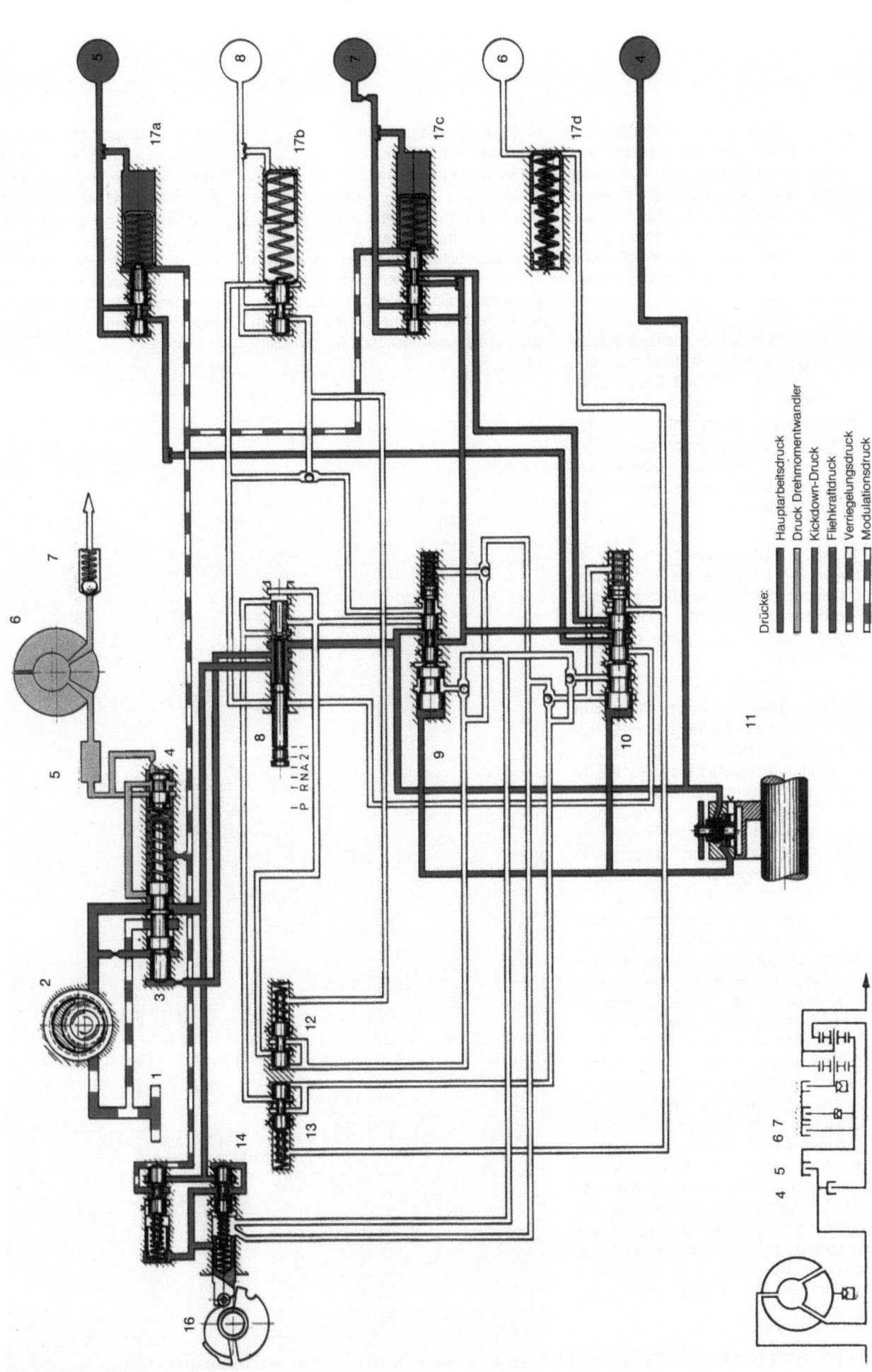

Bild 7-14: Arbeitsweise der Hydraulik im 3. Gang.
Wählkolben in Stellung „D" (Drive), 3. Gang, Motor unbelastet

8 Elektronisch-hydraulische Steuerung

Die Automatikgetriebe ZF HP 500/600 und ZF 4 HP 22 können mit einer elektronisch-hydraulischen Steuerung ausgerüstet werden. Dies ermöglicht eine optimale Getriebebetätigung und Eingriffe in das Motor-Management während des Schaltens. Außerdem lassen sich verschiedene, automatisch ablaufende Schaltprogramme realisieren.

Die Entwicklung dieser computergestützten Regelung entstand durch Kooperation der Firmen ZF und Bosch. Diese gewährleistet eine verbesserte Getriebesteuerung und eine wesentliche Verringerung der Getriebebeanspruchung. Dies kommt der Lebensdauer zugute und bietet die Möglichkeit, gleiche Getriebe auch für größere Motoren einzusetzen.

Im elektronisch geregelten Getriebe kontrolliert die Elektronik die hydraulische Druckregelung. Durch die Betätigung von Magnetventilen kann die Hydraulik die eigentlichen Schaltvorgänge durchführen.

In seiner einfachsten Form läßt sich das Computerprogramm einer solchen Getrieberegelung mit dem Ablaufplan in Bild 8-1 veranschaulichen. Wir sehen hier, daß die Fahrzeuggeschwindigkeit der einzige variable Faktor ist und ständig vom Computer erfaßt wird. Entsprechend der Geschwindigkeit werden dann die zugehörigen Gänge ausgewählt.

In der Praxis erfaßt der Microcomputer aber nicht nur die Geschwindigkeit, die Anzahl der Sensoren ist wesentlich größer. Das Computerprogramm erfordert mehr Variablen als nur die Fahrzeuggeschwindigkeit. In Bild 8-2 sind die Sensoren und Stellglieder eines elektronischen ZF-Getriebes dargestellt. Hierbei handelt es sich um ein Fahrzeug mit Benzineinspritzung (L-Jetronic). Während der Schaltvorgänge wird zusätzlich in die Zündung und die Benzineinspritzung eingegriffen, wodurch sich fühlbare Schaltstöße auf ein Mindestmaß verringern lassen. Dies trägt zu einem besseren Schaltkomfort bei. Durch die Verringerung des Motormoments während des Schaltens werden außerdem die Reibungskupplungen im Getriebe weniger stark beansprucht.

Mit einem Microcomputer können zusätzlich spezielle Schaltprogramme angeboten werden. Dazu gehören:

– Komfortprogramm,
– Leistungsprogramm,
– Handschaltprogramm.

Bild 8-3a bis d zeigt einige Schaltkennlinien mit Schaltpunkten in Abhängigkeit vom Lastzustand und dem gewählten Fahrprogramm (Leistungs- und Komfortprogramm). Dabei kennzeichnet die unterbrochene Linie jenen Bereich, in dem die Überbrückungskupplung wirksam ist.

Solche speziellen Computerprogramme beinhalten auch Teilprogramme für Kontrolle, Diagnose und Sicherheitsprüfung. Sie stellen hohe Anforderungen an die Programmierung. So werden die Daten im Computer z. B. dreimal gespeichert: normal, verdoppelt und invertiert. Bei der Prüfung werden diese Werte im Hinblick auf einen möglichen Datenverlust miteinander verglichen.

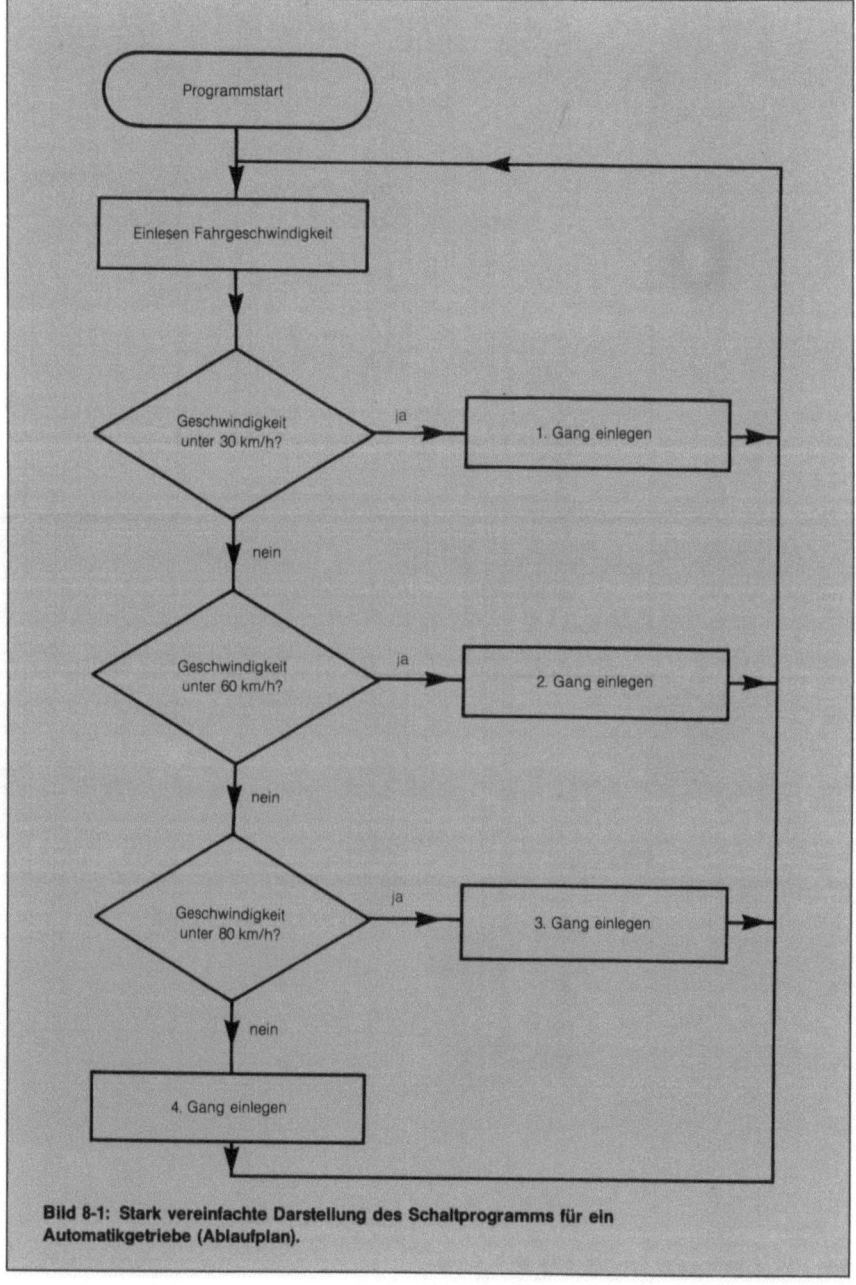

Bild 8-1: Stark vereinfachte Darstellung des Schaltprogramms für ein Automatikgetriebe (Ablaufplan).

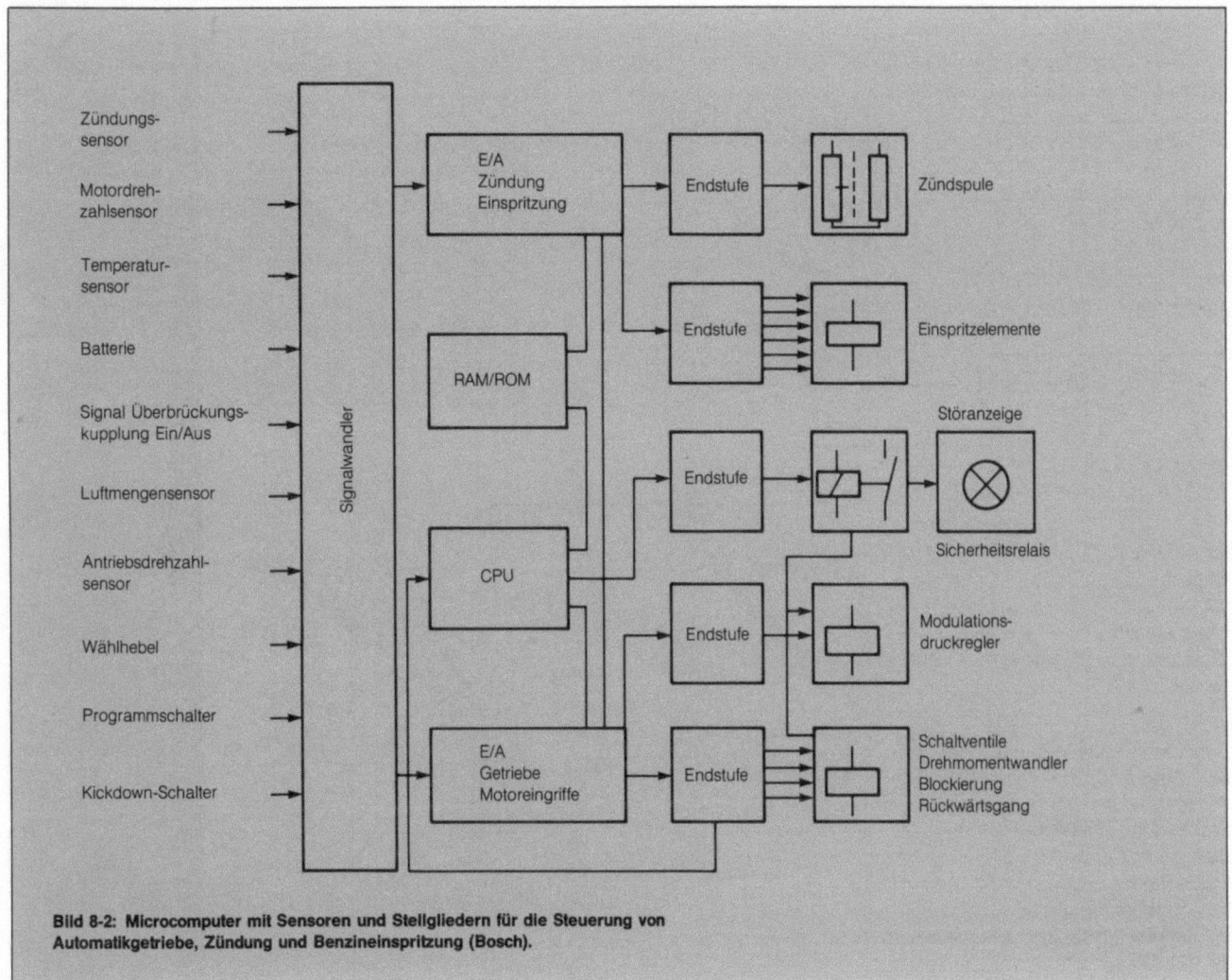

Bild 8-2: Microcomputer mit Sensoren und Stellgliedern für die Steuerung von Automatikgetriebe, Zündung und Benzineinspritzung (Bosch).

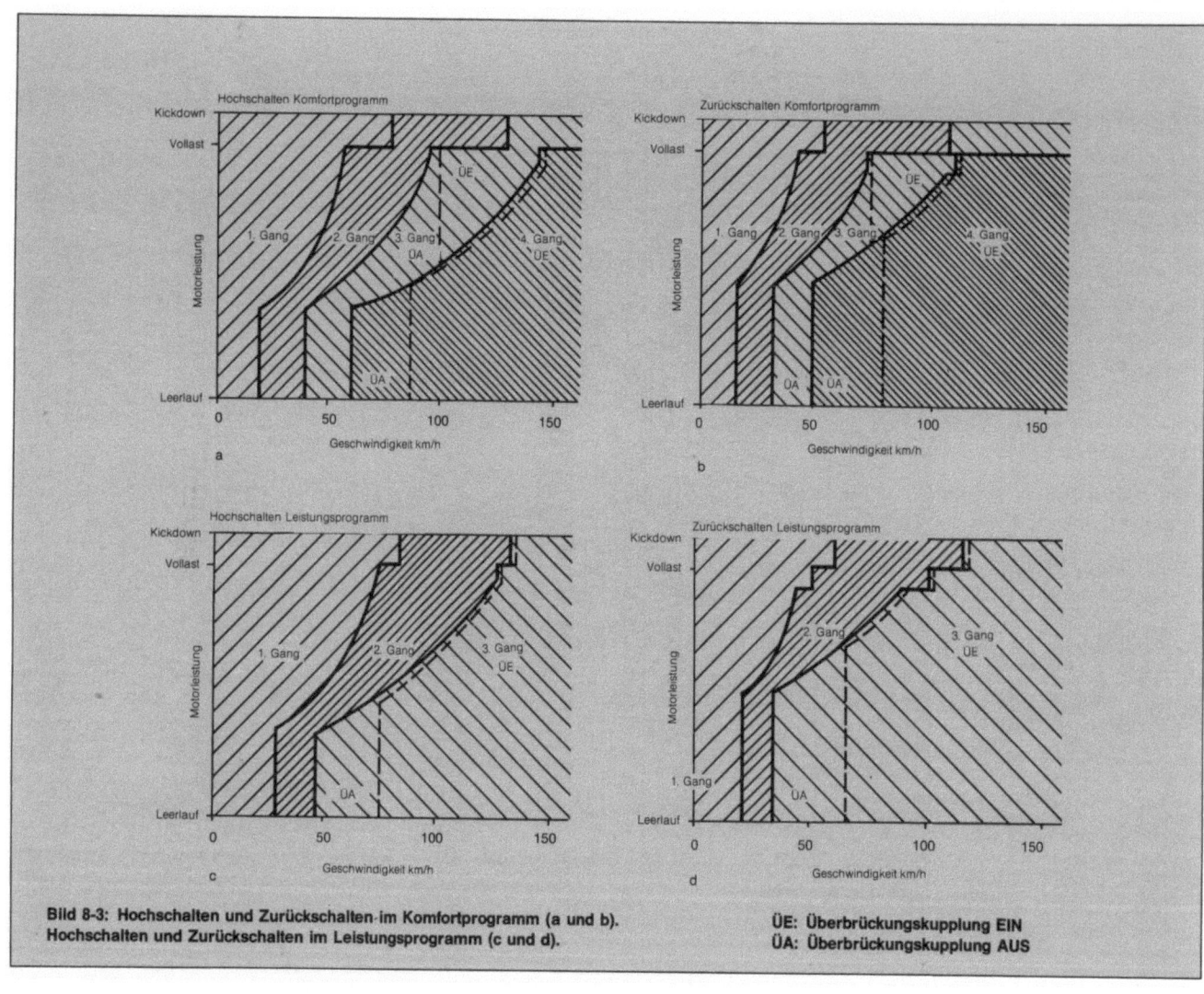

Bild 8-3: Hochschalten und Zurückschalten im Komfortprogramm (a und b). Hochschalten und Zurückschalten im Leistungsprogramm (c und d).

ÜE: Überbrückungskupplung EIN
ÜA: Überbrückungskupplung AUS

9 Retarder

Ein Retarder kann als zusätzliche Bremse für Nutzfahrzeuge angesehen werden. Er ist im Automatikgetriebe installiert und arbeitet nach dem Prinzip der Strömungskupplung. Gerade in Nutzfahrzeugen bietet die Kombination von Automatikgetriebe und hydrodynamischer Bremse spezielle Vorteile:

- Die Radbremsen werden geschont, vor allem bei besonderen Fahrbedingungen wie z. B. Gefällefahrten.
- Der Retarder läßt sich einfach bedienen.
- Der im Getriebe vorhandene Ölkühler kann für die Abführung der vom Retarder entwickelten Wärme genutzt werden.
- Der Retarder ist im Automatikgetriebe integriert und somit wartungsfrei.

Der hydrodynamische Retarder ist zwischen Drehmomentwandler und Getriebe angeordnet (Bild 9-1).

Damit ist die Bremskraft vom eingelegten Gang abhängig, so daß auch bei niedrigeren Geschwindigkeiten die vollständige Bremswirkung zur Verfügung steht.

Betrachten wir Bild 9-2, in dem die wichtigsten Komponenten schematisch dargestellt sind. Das Pumpenrad A des Retarders ist mit dem Turbinenrad des Drehmomentwandlers verbunden, während der Stator des Retarders am Getriebegehäuse montiert ist und mit diesem eine Einheit bildet. Die Bremswirkung tritt ein, wenn das Retardergehäuse ganz oder teilweise mit Öl gefüllt wird. In diesem Fall setzt nämlich das Pumpenrad (angetrieben von den treibenden Rädern) einen Ölstrom in Bewegung, wodurch dieser Strom kinetische Energie erhält. Der Ölstrom prallt auf die Schaufeln des stillstehenden Stators, und die kinetische Energie wird als Stoßenergie in Wärme umgewandelt. Vom Ölstrom wird diese Wärme aufgenommen und über den Ölkühler an das Getriebe abgeführt. Daher ist der Ölkühler für diesen Zweck etwas größer dimensioniert. So läßt sich ein großer Teil der Energie, die zum Abbremsen eines Nutzfahrzeugs erforderlich ist, ohne nennenswerten Verschleiß der Radbremse in Wärme umwandeln.

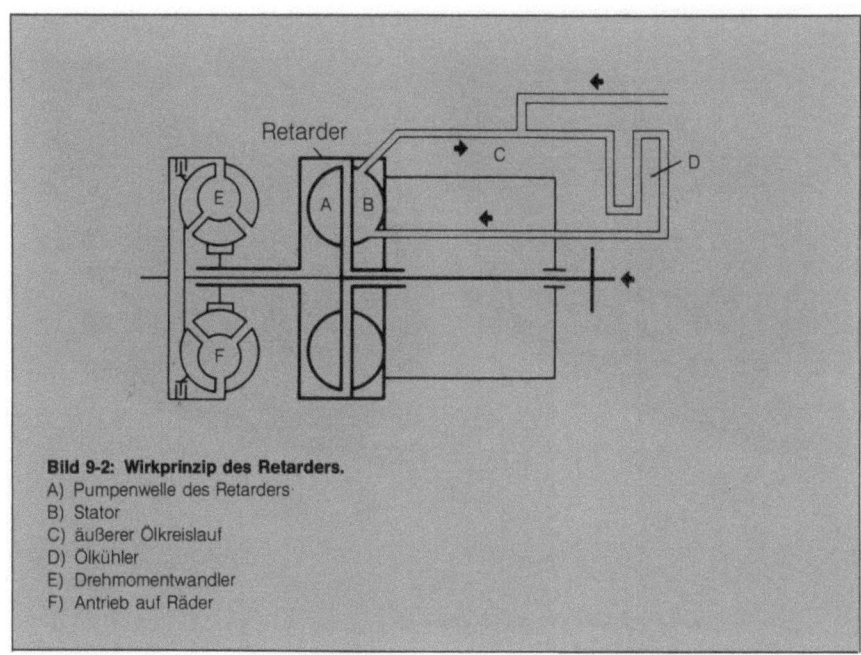

Bild 9-2: Wirkprinzip des Retarders.
A) Pumpenwelle des Retarders
B) Stator
C) äußerer Ölkreislauf
D) Ölkühler
E) Drehmomentwandler
F) Antrieb auf Räder

Außer den bereits genannten Retarderteilen, der Pumpe (Rotor) und dem Stator, besitzt z. B. der ZF-Retarder ein im Stator angebrachtes Ventil. Bei abgeschaltetem Retarder steht der Ventilmechanismus am Anschlag (Bild 9-3 a), und die sogenannten Kurzschlußkanäle gewährleisten, daß die Luft im Retarderraum fast ungehindert zirkulieren kann. Damit lassen sich die üblichen Retarderverluste auf ein Mindestmaß begrenzen. Wenn der Retarder eingeschaltet wird, schließt das Ventil infolge des Öldrucks. Dadurch wird der Ölstrom wieder auf die übliche Weise abgelenkt, und das Bremsmoment kommt zur Wirkung (Bild 9-3 b).

Die Bremswirkung des Retarders läßt sich durch Regelung der Ölmenge im Retarder einstellen (Füllungsgradregelung). Diese Menge richtet sich nach dem Arbeitsdruck des Retarders, der seinerseits mit einem Bedienungshebel am Armaturenbrett oder über das Gaspedal eingestellt werden kann.

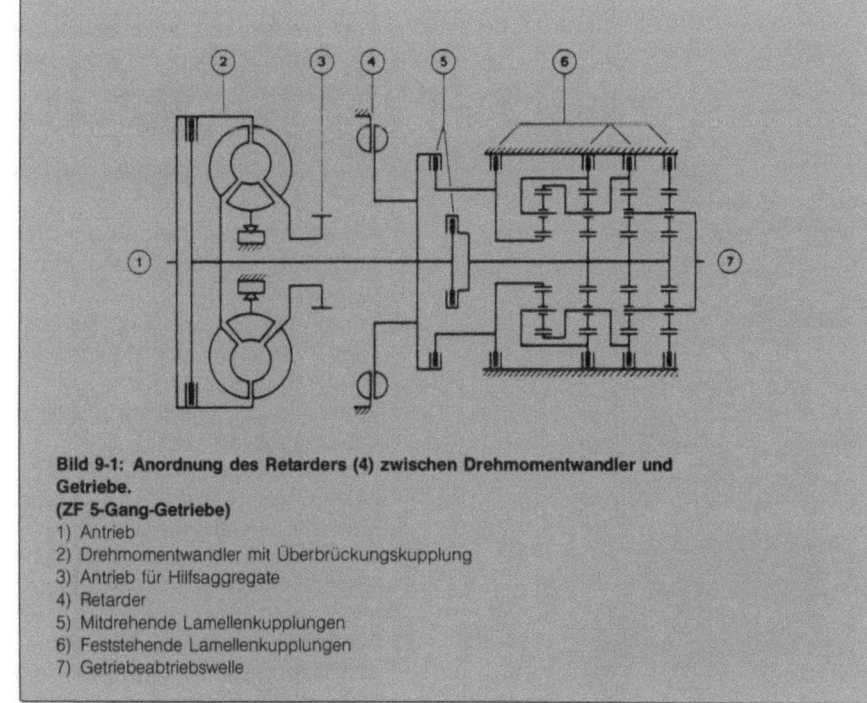

Bild 9-1: Anordnung des Retarders (4) zwischen Drehmomentwandler und Getriebe.
(ZF 5-Gang-Getriebe)
1) Antrieb
2) Drehmomentwandler mit Überbrückungskupplung
3) Antrieb für Hilfsaggregate
4) Retarder
5) Mitdrehende Lamellenkupplungen
6) Feststehende Lamellenkupplungen
7) Getriebeabtriebswelle

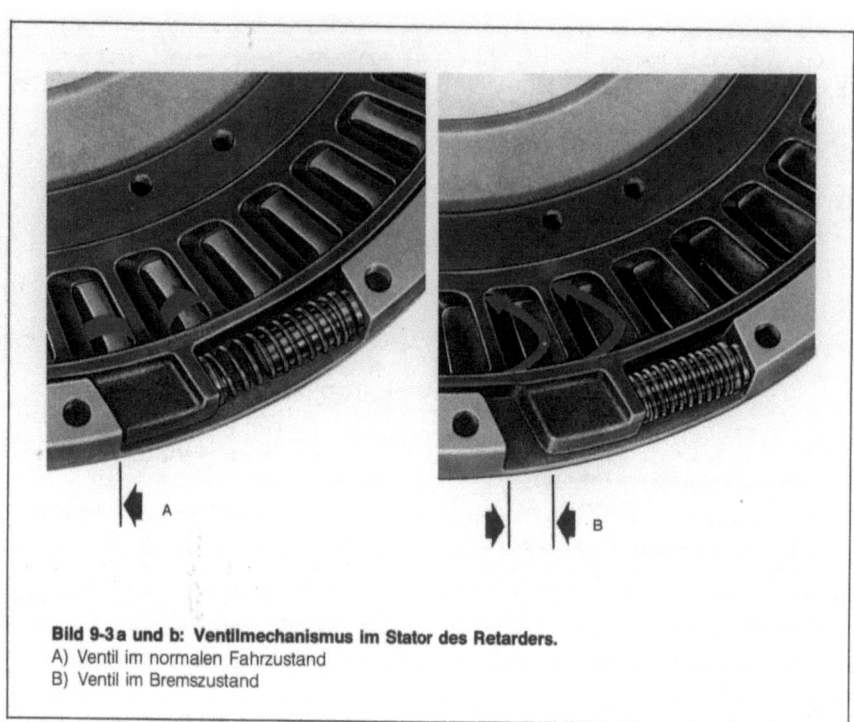

Bild 9-3 a und b: Ventilmechanismus im Stator des Retarders.
A) Ventil im normalen Fahrzustand
B) Ventil im Bremszustand

Der Arbeitsdruck des Retarders wird vom Hauptarbeitsdruck der automatischen Steuerung abgeleitet.
Steigt der Arbeitsdruck des Retarders über den im Retarderraum herrschenden Druck, so nimmt der Füllungsgrad und somit die Bremswirkung zu. Bei sinkendem Arbeitsdruck nimmt der Füllungsgrad und damit auch die Bremswirkung des Retarders ab. Je nach Ausführung des Systems kann der Füllungsgrad stufenweise oder stufenlos eingestellt werden.

Bild 9-4 zeigt den Bedienungshebel des Retarders in einem Nutzfahrzeug von Mercedes Benz, bei dem die Retarderwirkung in vier Stufen einstellbar ist. In einigen Nutzfahrzeugen mit Automatikgetrieben wird auch eine Kombination von Retarder und Motorbremse eingesetzt, wobei das für die Gebtriebe HP 500/590/600 jeweils zulässige maximale Bremsmoment nicht überschritten werden darf.

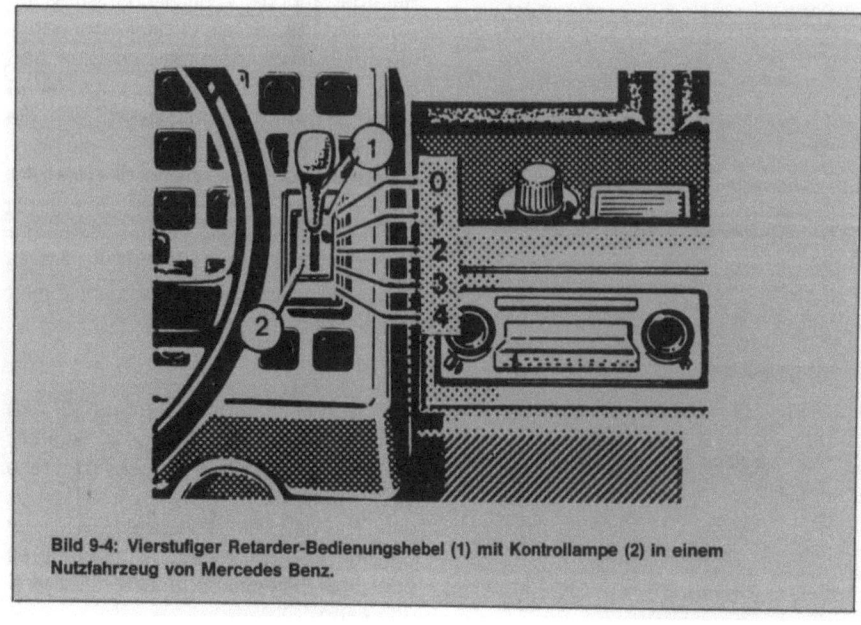

Bild 9-4: Vierstufiger Retarder-Bedienungshebel (1) mit Kontrollampe (2) in einem Nutzfahrzeug von Mercedes Benz.

10 Fragen und Aufgaben

1 Einleitung
1. Welche Gründe könnten für die stärkere Popularität des Automatikgetriebes in den USA im Vergleich zu Europa sprechen?

2 Fahren mit einem Automatikgetriebe
1. Welche Schaltvorgänge finden beim stark beschleunigten Anfahren statt?
2. Welche sechs Schaltstellungen lassen sich bei einem 3-Stufen-Automatikgetriebe unterscheiden?
3. Nennen Sie die Bedingungen, unter denen man in Stellung „1" fährt!
4. In welcher Stellung (welchen Stellungen) kann der Motor angelassen werden?
5. Was versteht man unter der Kickdown-Wirkung?
6. Was ist die häufigste Wählhebelstellung des Automatikgetriebes?

3 Allgemeine Beschreibung der Arbeitsweise eines Automatikgetriebes
1. Welche drei Hauptbestandteile des Automatikgetriebes unterscheidet man?
2. Welche Hauptteile hat der Drehmomentwandler?
3. Welches Teil des Drehmomentwandlers ist mit dem Getriebe verbunden?

4 Drehmomentwandler
1. Welches Teil des Drehmomentwandlers bewirkt die Momenterhöhung?
2. Was versteht man unter einer Überbrückungskupplung und warum wird diese Kupplung eingesetzt?
3. Wann ist die Momentwandlung am größten?
4. Weshalb ist ein Ölkühler erforderlich?
5. Auf welche Weise überträgt der Drehmomentwandler die Motorleistung auf das Getriebe?
6. Warum ist eine Reibungskupplung nicht in der Lage, das Motormoment erhöht zu übertragen?
7. Wann tritt der Freilaufmechanismus des Leitrads in Aktion?
8. Was würde geschehen, wenn das Leitrad nicht mit einem solchen Mechanismus ausgestattet wäre?
9. Was versteht man unter dem Kupplungspunkt eines Drehmomentwandlers?
10. Berechnen Sie anhand von Bild 4-3 den Wirkungsgrad des Drehmomentwandlers bei 40 und 80% Schlupf!

Fragen und Aufgaben

11 Weshalb kann der Wirkungsgrad eines Drehmomentwandlers niemals 100% betragen?
12 Was versteht man unter dem Zugkraft-Diagramm eines Fahrzeugs?
13 Warum muß die Zugkraft beim Anfahren größer als beim Fahren mit Höchstgeschwindigkeit sein?
14 Wie kann man dem Zugkraftdiagramm entnehmen, daß es sich um ein Automatikgetriebe handelt?

5 Planetensätze
1 Aus welchen Gliedern besteht ein Planetensatz?
2 Wieviel Zähne hat das Hohlrad, wenn das Sonnenrad 30 und ein Planetenrad 40 Zähne besitzt?
3 Definieren Sie das Übersetzungsverhältnis „i"!
4 Was versteht man unter der Umfangsgeschwindigkeit eines Zahnrads?
5 Läßt sich die Winkelgeschwindigkeit mit der Drehzahl oder mit der Umfangsgeschwindigkeit eines Zahnrads in Beziehung setzen?
6 Nennen Sie den Zusammenhang zwischen der Winkelgeschwindigkeit und der Umfangsgeschwindigkeit eines Zahnrads!
7 Beschreiben Sie in einer Übersicht die drei Übersetzungsverhältnisse eines einzelnen Planetensatzes und geben Sie dabei jeweils an, welches Glied treibt, welches blockiert ist und welches getrieben wird!
8 Berechnen Sie mit zwei Lösungswegen das Übersetzungsverhältnis eines einzelnen Planetensatzes, wenn das Sonnenrad 40 und das Hohlrad 100 Zähne hat und der Satz als Stern-, Planeten- und Sonnentyp geschaltet wird!

6 Beschreibung von Automatikgetrieben
1 Berechnen Sie das Übersetzungsverhältnis des Getriebes ZF 3 HP 22 im 2., 3. und im Rückwärtsgang! Verwenden Sie dabei die Werte im Berechnungsbeispiel für den 1. Gang!
2 Berechnen Sie das Übersetzungsverhältnis des Getriebes ZF 4 HP 22 für den 4. Gang (Werte wie beim 3 HP 22)!
3 Berechnen Sie das Übersetzungsverhältnis des Getriebes ZF HP 500/600 im 3. Gang! Verwenden Sie dabei die Werte im Berechnungsbeispiel für den Rückwärtsgang!
4 Welche Kupplungen müssen im 5. Gang blockiert sein?
5 Warum wurde der Drehmomentwandler in manchen Gängen gestrichelt dargestellt (Bild 6-10)?

7 Hydrauliksteuerung
1 Welches Hydraulikteil ist für den Schaltpunkt eines Automatikgetriebes hauptsächlich maßgebend?
2 Welche Hauptteile werden von der Ölpumpe mit Öl versorgt?
3 Nennen Sie drei vom Hauptarbeitsdruck abgeleitete Drücke!
4 Berechnen Sie anhand von Bild 7-3 den geregelten Druck, wenn der Kolbendurchmesser 10 mm und die Vorspannung der Feder 10N beträgt!
5 Welche Aufgabe erfüllt die Sekundärpumpe in einer Hydraulikanlage?
6 Wie wird erreicht, daß der Modulationsdruck den Ölpumpendruck beeinflußt (Bild 7-5)?
7 Welche Aufgabe hat der Wählkolben?
8 Aus welchen drei Bestandteilen besteht die Drosselklappen-Druckregeleinheit?
9 Welches Bauelement bestimmt den Modulationsdruck?
10 Welche Aufgaben hat der Modulationsdruck?
11 Wann ist der Modulationsdruck am größten?
12 Welche Aufgabe erfüllt der Motorlast-Druckkolben?
13 Wieviel Schaltkolben werden in dem beschriebenen Getriebe eingesetzt?
14 Welche Schaltkolben werden aktiviert, wenn das Getriebe in den 3. Gang hochschaltet?
15 Zwischen welchen Werten bewegt sich (annähernd) der Druck des Fliehkraftreglers?
16 Was versteht man beim Fliehkraftregler unter einer Zweistufen-Regelung?
17 Welche Aufgabe haben die Kupplungsdruckkolben (Speicher)?
18 In welcher Schaltstellung (welchen Schaltstellungen) sind die Verriegelungskolben wirksam?
19 Beschreiben Sie anhand von Bild 7-15 kurz die verschiedenen Drücke, die das Schalten in den 3. Gang ermöglichen!

8 Elektronisch-hydraulische Steuerung
1 Nennen Sie Vorzüge der Elektronik für die Steuerung von Automatikgetrieben!
2 Welcher Sensor ist für die computergestützte Steuerung am wichtigsten?
3 Wie veranlassen die Stellglieder das Schalten des Getriebes?
4 Welcher Unterschied besteht zwischen dem Komfort- und dem Leistungsprogramm?

9 Retarder
1 Aus welchen beiden Hauptteilen besteht ein Retarder?
2 Welches Teil ist fest am Getriebegehäuse montiert?
3 Erläutern Sie, weshalb ein Retarder reibungsfrei bremst!
4 Wo bleibt die vom Retarder entwickelte Wärme?
5 Wie wird die Bremswirkung des Retarders eingestellt?
6 Welchen Vorteil bietet die Ventilsteuerung, mit dem die Firma ZF ihre Retarder ausstattet?

Ursprünglich veröffentlicht in der Reihe „Technische leergangen" unter dem Titel „Automatische versnellingsbakken"
von Educatieve en technische uitgeverij DELTA PRESS BV,
Overberg, gem. Amerongen, Niederlande.

© 1989 by Educatieve en technische uitgeverij DELTA PRESS BV,
Overberg, gem. Amerongen, Niederlande

Zusammengestellt durch E. Gernaat

Deutsche Übersetzung:
unitext® GmbH, Berlin

Alle Rechte vorbehalten
© Friedr. Vieweg & Sohn Verlagsgesellschaft mbH,
Braunschweig / Wiesbaden, 1993

Der Verlag Vieweg ist ein Unternehmen der Verlagsgruppe
Bertelsmann International.

Das Werk und alle seine Teile sind urheberrechtlich geschützt. Jede Verwertung in anderen als den gesetzlich zugelassenen Fällen bedarf deshalb der schriftlichen Einwilligung des Verlages.

ISBN-13: 978-3-528-04828-0   e-ISBN-13: 978-3-322-86801-5
DOI: 10.1007/978-3-322-86801-5

Aus dem Programm Kraftfahrzeugtechnik

Technische Lehrgänge für Ausbildung und Praxis

		ISBN
Technischer Lehrgang:	Hydraulik	3-528-04832-8
Technischer Lehrgang:	Kupplungen	3-528-04829-8
Technischer Lehrgang:	Schmierstoffe und Motoren	3-528-04827-1
Technischer Lehrgang:	Starterbatterie	3-528-04825-5
Technischer Lehrgang:	Gleitlager für Verbrennungsmotoren	3-528-04831-X
Technischer Lehrgang:	Ventile, Schäden und ihre Ursachen	3-528-04836-0
Technischer Lehrgang:	Turbolader	3-528-04826-3
Technischer Lehrgang:	Motorkraftstoffe	3-528-04834-4
Technischer Lehrgang:	Stoßdämpfer	3-528-04830-1
Technischer Lehrgang:	Automatische Getriebe	3-528-04828-X
Technischer Lehrgang:	Hydraulische Systeme, Berechnungen	3-528-04835-2

In Vorbereitung:

Technischer Lehrgang:	*Kolben, Schäden und ihre Ursachen*	*3-528-04833-6*

Fachbücher für die Ausbildung

Kraftfahrzeugtechnik
Technologie für Automobil- und Kraftfahrzeugmechaniker
von W. Staudt (Hrsg.) — 3-528-04302-4

Metalltechnik
Grundbildung für kraftfahrzeugtechnische Berufe
von W. Staudt (Hrsg.) — 3-528-04430-6

Arbeitsblätter Kraftfahrzeugtechnik
von W. Staudt (Hrsg.) — 3-528-04913-8

Elektrische Motorausrüstung
von G. Henneberger — 3-528-04764-X

Fordern Sie ausführliche Informationen direkt beim Verlag an
Friedr. Vieweg & Sohn Verlagsgesellschaft mbH
Postfach 5829, 65048 Wiesbaden

If you have any concerns about our products,
you can contact us on
ProductSafety@springernature.com

In case Publisher is established outside the EU,
the EU authorized representative is:
**Springer Nature Customer Service Center GmbH
Europaplatz 3, 69115 Heidelberg, Germany**

Printed by Libri Plureos GmbH
in Hamburg, Germany